메이크업 미학

MAKEUP AESTHETICS

이화순 · 안진정 · 남은선 · 김채희

경춘사

메이크업 미학

MAKEUP AESTHETICS

지은이 이화순 · 안진정 · 남은선 · 김채희
발행인 안민웅
발행처 도서출판 경춘사
등록번호 제10-153(1987. 11. 28)

인쇄 2024년 3월 5일
발행 2024년 3월 15일

서울시 마포구 마포대로 14길 31-9
경춘빌딩 101호

전화 (02)716-2502, 714-5246
팩스 (02)704-0688
www.kcpub.co.kr

값 **20,000**원

ISBN 978-89-5895-205-3 93590

들어가면서

인간이 지닌 미(美)적 본능은 신체와 그 주변 장식을 치장함으로써 타인에게 자신의 우월함을 보여주거나 아름답게 보이고자 노력하였고 이러한 노력은 시대가 지나도 꾸준히 이어지고 있으며, 우리나라에서도 메이크업의 관심도가 급성장하고있다. 최근 메이크업은 자연스럽게 생활의 일부로 받아들여져 얼굴의 장점을 살리고 단점을 보완하여 아름답게 표현하는 것은 물론 개성미와 건강미를 동시에 표현하고 있다.

본 교재는 미용 전공 학생들뿐 아니라 메이크업을 배우고자 하는 일반인들이 메이크업 이론과 실무적인 지침을 보다 쉽게 접근할 수 있도록 구성하였다.

제1장 메이크업의 개요에서는 동·서양의 미의 가치개념과 범주 등 미에 대한 전반적인 내용을 다루었고, 메이크업의 정의 및 분류, 메이크업의 동기 및 필요성에 대해 살펴보았다. 또한 메이크업의 심리에서는 메이크업을 한 사람의 심리상태에 대한 연구결과를 제시하여 메이크업의 중요성을 살펴보았고, 실제 메이크업 디자인을 위한 5가지 요소와 훈련과정을 제시하였다.

제2장은 인체에 대한 이해를 돕기 위하여 골격과 근육의 특징과 메이크업 테크닉, 표준형 얼굴의 프로포션에 대해 살펴보았다. 또한 얼굴의 인상학적 이해와 형태 심리학적인 이해를 통하여 메이크업을 보다 잘 표현하는데 도움이 되도록 하였다.

제3장에서는 메이크업 디자인의 구성 요소, 즉 형태, 색상, 질감에 대해 살펴보았다.

제4장에서는 메이크업을 하였을 때 메이크업효과로 나타나는 착시, 즉 색의 착각, 선의 착각, 대비의 착각에 대해 살펴보았으며 이를 토대로 얼굴의 수정 메이크업 테크닉에 대해 알아봄으로써 아름다움을 표현하고자 하였다.

제5장은 메이크업을 할 때 필요한 제품과 도구에 대해 살펴보았다.

제6장에서는 실제적인 메이크업 순서를 알아보는 것으로써, 메이크업 클렌징, 베이스 메이크업, 포인트 메이크업, 피니쉬 메이크업에 대해 자세하게 안내하고 있다.

제7장은 앞에서 공부한 내용들을 가지고 메이크업 디자인으로 연출하는 기본적인 메이크업, 즉 데이 & 나이트 메이크업, 계절 메이크업을 제시하였다.

메이크업미학은 메이크업의 기본서로서 이론적인 토대를 충실히 제공함으로써 개념적이고 실용 적인 메이크업 디자인을 하기 위한 지침을 제공하고 있다. 책이 나오기까지 관심과 지원을 아끼지 않으신 이화순 교수님, 경춘사 안민웅 대표님께 감사를 드린다.

저자일동

CONTENTS

Chapter 03

메이크업 디자인의 요소 · 47

Chapter 04

눈의 착각과 메이크업 테크닉 · 71

CONTENTS

Chapter 05

Chapter 06

Chapter 07

베이직 메이크업 • 159

부록 • 191

CHAPTER 01.
메이크업의 개요

CHAPTER 01.
메이크업의 개요

1. 미의 개념

1.1. 동서양의 가치 개념

1) 동양

인간은 태어나면서부터 일생을 통하여 아름다워지고자 하는 미적 본능을 가지고 있는데 이는 동, 서양을 막론하고 다양한 표현과 방법으로 각 시대와 문화 속에서 찾아볼 수 있다.

미(美)는 그 대상이 처한 상황과 시대에 따라 변화하는 차별상을 가진 하나의 '사상'(思想)인 동시에, 불변하는 보편적 '가치'(價値)를 지닌 것이다. 따라서 미는 그 시대의 계급, 종교 등 단체의식, 사회의식의 발로에 의한 종합적 생활감정의 이해작용이라고 할 수 있다.

미와 관련된 글자는 고대 은대(殷代) 갑골문자인 복사(점치는 책)에서 찾아볼 수 있는데, 후한대(後漢代)에는 식료로서 제일품으로 치는 육축인 말(馬), 소(牛), 양(羊), 수돼지(豚), 개(犬), 닭(鷄) 가운데 羊+大가 합쳐져 그 의미가 변이 되어 오늘날 고등감각에서 오는 '美', 즉 아름다움으로 발전되었다. 이처럼 중국의 미(美)는 '미대식감야'(美大食甘也)라 하여 '먹음직스러운 것'이나 '맛이 좋은 것'이나 '미여선동'(美與善同)이라 하여 미와 선을 동일시함으로써 미를 '도덕적인 것'으로 생각하고 있다.

그러나 한국에서 '아름답다'라는 말은 '한 아름처럼 두 팔 가득 차는 풍부한 촉감'에서 왔다는 국문학자들의 견해와, '앎, 즉 지(知)의 정상'과 관련이 있다는 우리나라 최초의 미학자 고유섭(1905-1944)씨의 해석이 있다. 또한 야나기 무네요시(柳宗悅)씨는 한국의 아름다움을 '가련함'과 연관시킨다. 일본은 '사랑, 애착 등의 숙지감정', '깨끗하다'라는 말이 아름답다는 말로 널리 쓰여 왔다.

2) 서양

고대 그리스 시대에 '아름답다'라는 형용사의 의미를 지닌 '칼론'(Kalon)은 근대적 미 개념의 원형이지만 오늘날과는 다른 의미를 지니고 있었다. 즉 시각이나 청각의 대상에 대해서뿐만 아니라 마음을 즐겁게 해주고 감탄을 유발시키는 인간의 마음이나 성격에 대해서까지 적용되는 '좋다'(선하다, good)와 같은 의미였다. 플라톤(Platon)은 그 말을 '도덕적 아름다움'을 포괄하는 뜻으로 사용하였고, 아리스토텔레스(Aristotle)는 '좋고 따라서 즐거운 것'이라 정의하였다.

이러한 광의의 미 개념은 피타고라스(Pythagoras) 학파에 의해 협의의 개념으로 국한되기 시작하였다. 피타고라스 학파는 우주를 가리켜 질서를 의미하는 코스모스(KOGμOS)라고 일컬었다. 그들에게 있어서 만상은 수학적 질서관계를 가지고 이루어져 있는 것이고 수학적 원리로 이루어지는 조화(Harmony)와 균형(Proportion)을 곧 가치 있고 아름다운 것(美)으로 받아들였으며 '보거나 듣기에 즐거운 것'으로 정의 내렸다. 조각에서는 예술성의 균형에 관해 논하며 심메트리아(Symmetria)라는 명칭을 사용하였고, 음악에서는 하르모니아(Harmonia)라는 명칭을 사용하였다.

러시아의 미는 '쾌감'을 뜻하고, 영어권에서 아름다움(Beautiful)이란 형용사는 '좋은', '훌륭한, '고귀한' 등 순수한 쾌(快)를 표현하는 것으로 조화적 성질이 현저한 것을 알 수 있으며 '당당한'의 의미를 가지고 있기도 하다.

이와 같이 미의 개념은 문화권에 따라 큰 차이를 보인다. 그러나 아름다움의 공통적 견해는 '물적 대상이 동반하는 쾌감의 감정상태이기 때문에 다분히 추상적인 개념'이며, 일반적으로 '좋은 것(善)과 쓸모(有用)있는 것'이 아름다움과 통한다.

1.2. 미적 범주

1) 일반적인 미적 범주

'미적'이라는 용어는 그리스어인 아에스테토스(감성적인)이라는 말에서 유래된 것이다. 칸트(Kant)는 〈판단력 비판〉에서 '미적인'(䨻thetisch)이라는 말에 '단순한 직관에 근거하며 개념적 사유의 매개 없이 직접적으로 쾌적하다'라는 의미를 부여하고 자연과 예술의 미와 숭고를 포괄하여 설명함으로써 미학에서 중요한 용어가 되었다. 이는 직접 체험에 의한 직감적인 미적 가치를 표시하는 말이다. 따라서 '미적'에 비하여 '미'(美)는 그 하위개념이며 '숭고'(崇高), '비장'(悲壯), '추'(醜), '골계'(滑稽), '우미'(優美) 등과 동등한 하나의 미적 범주이다.

미적 범주로서의 '미'는 고전적인 형식미로, 대상의 올바른 비례, 부분들의 조화, 균형을 통해서 이루어지는 쾌한 감정이다. 즉 대상 자체에 내재하는 객관적 성질로서 불변하며 지식과 이성에 따르는 미라고 할 수 있다.

'숭고'는 장엄과 장중과 같은 의미로 사용되는 것으로, 에드먼드 버크(Edmund Burke)는 숭고란 고통, 위험, 공포 같은 관념이 직접 현실적으로 영향을 미치지 않을 만큼 거리를 두고서 존재할 때 느낄 수 있는 긴장감이라고 하였다. 숭고의 특징은 힘, 길이, 높이 등의 위대성과 무한성으로 나타난다.

'비장'은 고귀한 인간행위와 의지로 성립되는 인간적 위대성이 침해되고 멸망될 때 슬픔과 고뇌의 느낌이 극에 달해 흥분을 느끼게 되는 미적 범주이다.

추는 미와 대립되는 개념으로, '비장'이 지나쳐 불쾌한 감정을 느끼게 되면 '추'가 발생한다. 추를 느끼게 하는 미적 대상의 형식적 특징은 무형태, 불균형, 부조화의 '불형식성'이며 내용적 특징은 '왜곡', 표현적 특징은 '부정확성'이다.

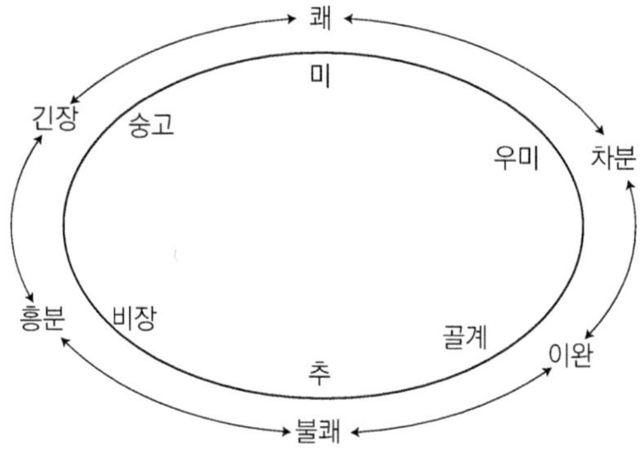

〈그림 1-1〉 미적 범주

'골계'는 감정의 이완에서 발생하는 희극미(喜劇美)를 의미하는 것으로, 기대한 것과 실현된 것 사이의 모순에 근거한다. 골계는 비장에 대립되는 범주이며, 형태의 이상, 착오적인 행동이나 동작에 의해 발생하는 기지(Wit), 풍자(Satire), 아이러니(Irony), 유머

(Humour), 유희(Play) 등을 말한다.

'우미'는 엘레강스(Elegance)를 의미하며 감정이 가라앉은 차분함에서 발생한다. 폴켈트(Volkelt)는 우미가 인간의 감성적인 것과 정신적인 것의 조화와 균형으로부터 생겨난다고 하였다. 우미는 숭고의 대립적인 범주로, 우미의 대상적 특징은 섬세함, 연약함이다.

2) 한국의 미적 범주

고유섭은 '아름다움'은 '앎', 즉 '지'(知)에서 온 것으로 보고, '지'는 바로 아름다움을 꾸밀 수 있는 능력을 가지고 있다고 하였다. 그러나 아름다움의 본 바탕은 '사랑'이라고 말하고, 아름답지 않으면 사랑할 수 없고 사랑하지 않으면 아름다울 수 없다고 하였다. 따라서 아름다워지기 위해서는 사랑하는 마음, 고운 심성, 바른 인격과 가치관이 전제되어 자기 자신을 알고 다스릴 수 있는 훈련이 필요하다고 보겠다.

조지훈(1920-1968)의 「멋의 연구」에서 살펴보면, '아름다움'은 '고움'과 '멋'의 바탕으로서 한국적 미의식을 대표하는 말이 된다. '고움'은 '아름다움'의 협의로서 아름다움의 개념보다 소규모의 구체적 개념으로 미려(美麗)와 같은 뜻으로 쓰였는데 사물의 질이 윤택, 유순, 온유, 치밀, 세련된 것을 지칭하는 것으로 밝고 예쁘며, 깨끗하고, 사랑스럽고, 날씬한 인상을 주는 어감이다. '멋'은 정상미 또는 규격성으로서의 미를 뛰어넘은 변형미 또는 초규격성의 풍류미가 멋이다. '멋'은 좀 더 한국적인 것으로서 한국 사람만이 공통으로 느끼는 미 가치이다.

2. 메이크업의 정의 및 분류

2.1. 메이크업의 정의

메이크업(Makeup)은 인간의 아름다움을 표현하는 한 방법으로, 신체의 아름다운 부분은 더욱 돋보이게 하고, 결점은 수정하고 매만져 곱게 꾸미는 행위를 말한다. 메이크업은 인류의 역사와 더불어 시작되었으며 시대의 흐름과 함께 문화를 반영하면서 그 의미도 변화되어 가고 있다.

16세기 영국 문호 셰익스피어 희곡 속에 색상제품에 관한 용어로서 '페인팅'(Painting)

이 등장하고 있는데, 이는 백납분에 색상과 향료를 섞은 것으로 얼굴을 화장하는 행위를 말하는 것이며 화장도구는 '페인트'(Paint)라고 하였다.

'메이크업'은 사전적 의미로 조립, 구성, 보완, 완성 등을 뜻하는 것으로, 17세기 영국 시인 리처드 크래쇼(Richard Crashou)가 '여성의 매력을 높여 주는 화장'을 뜻하는 용어로 처음 사용하였다.

현재 메이크업과 동의어로 사용되는 '코스메틱'(Cosmetic)은 그리스어 코스메티코스(Cosmeticos)에서 유래하였는데 코스메티코스는 무질서, 혼돈의 의미인 카오스(Chaos)의 반대 개념인 코스모스(Cosmos)에서 유래한 것으로 '질서 있는 체계' 또는 '조화'를 뜻한다.

즉 메이크업은 협의의 의미로 색상을 부여하여 외형적인 아름다움을 추구하는 것으로 정의되나, 현대적 의미의 메이크업은 이러한 단순 개념에서 벗어나, 피부 및 근육의 생리적인 기능을 높여 건강미를 나타내는 신체적 건강과 정신적 건강을 포함하여 개인적인 이미지를 창출해 내는 것을 말한다.

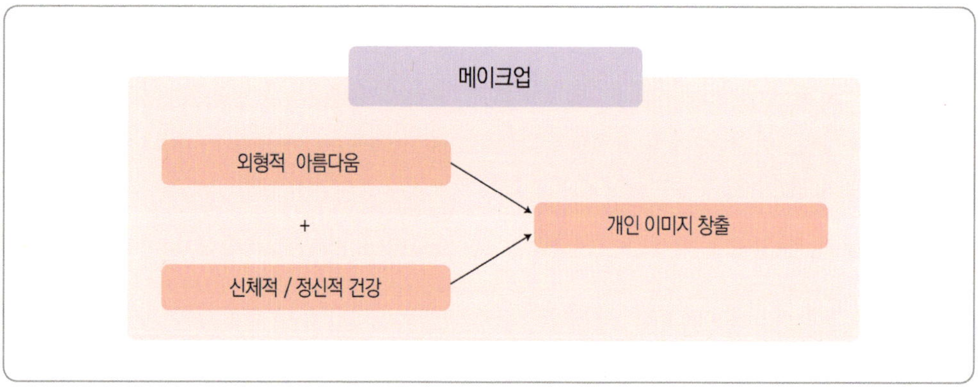

〈그림 1-2〉 메이크업의 현대적 의미

메이크업은 의복, 액세서리, 헤어스타일 등과 함께 토털 패션(Total Fashion)의 한 분야로 중요시되고 있는데, 토털 패션이란 머리끝에서 발끝까지 행해지는 모든 장식을 포함하는 것으로서 전체적인 조화가 가장 중요하며 따라서 메이크업은 하나의 통일된 이미지를 형성하려는 목적을 갖는다.

메이크업은 우리말로 화장(化粧)을 의미하며 이는 가화(假化), 가식(假飾), 꾸밈 등의 뜻을 지닌다. 화장이라는 말은 개화기 이후부터 널리 사용된 외래어로, 화장에 해당하는 순수한 한국어는 장식(粧飾), 단장(端粧), 야용(冶容)이고 화장품은 장식품(粧飾品), 장렴(粧란), 장구(粧具)라 하였다.

우리나라에서 전통적으로 사용되었던 화장에 대한 명칭은 〈표 1-1〉과 같다.

〈표 1-1〉 시대에 따른 화장 명칭

시 대	화장 명칭
삼국시대-고려시대	• 지분(脂粉) : 연지(臙脂)와 백분(白粉) • 분대(粉黛) : 백분(白粉)과 눈썹먹(黛)
조선시대	• 장식(粧飾) : 분을 바르고 꾸민다는 뜻. • 담장(淡粧) : 우아하고 엷은 화장. • 염장(艶粧) : 짙은 화장, 요염한 분위기. • 농장(濃粧) : 야용(冶容)과 함께 사용, 짙은 화장, 두터운 화장 • 응장(凝粧) : 농장과 유사하나 더욱 또렷하게 꾸민 상태로 신부화장이 이에 해당.
개화기 이후	• 단장(丹粧) : 분단장-화장과 같은 의미로 사용. 칠보단장-여러 가지 장식을 이용해 꾸미는 것. • 화장(化粧) : 분, 연지 따위를 발라 얼굴을 곱게 꾸밈.

2.2. 메이크업의 분류

메이크업은 크게 뷰티 메이크업(Beauty Makeup)과 스페셜 메이크업(Special Makeup), 아트 메이크업(Art Makeup)으로 나눌 수 있다.

1) 뷰티 메이크업

뷰티 메이크업은 화장품을 이용하여 얼굴의 아름다운 부분은 더욱 돋보이게 하고, 결점은 수정하고 매만져 곱게 꾸미는 일반적인 화장을 말하는데, 주제에 따라 데이 & 나이트 메이크업(Day & Night Makeup), 계절 메이크업(Seasonal Makeup), 내추럴 메이크업(Natural Makeup), 트랜드 메이크업(Trend Makeup), 사진 메이크업(Photo Makeup), 웨딩 메이크업(Wedding Makeup), 쇼 메이크업(Show Makeup), 광고 메이크업(CF Makeup), 이미지 메이크업(Image Makeup) 등이 있다.

▶ **데이 & 나이트 메이크업** : 데이 메이크업은 낮 동안에 활동을 위한 자연스럽고 가벼운 화장으로 자외선으로부터의 피부보호에 중점을 두어 표현된다. 나이트 메이크업은 화려한 인공조명 아래의 메이크업이라고 할 수 있는데 인공조명으로 인하여 얼굴이 자칫

평면적으로 보이기 쉽고 창백해 보일 수 있으므로 색감이 보다 강조되고 선을 강조하는 메이크업이라고 할 수 있다.

- ▶ **계절 메이크업** : 계절에 따라 메이크업의 형태, 질감, 색상 및 메이크업 제품, 이미지를 달리 표현하는 메이크업을 말하며, 봄, 여름, 가을, 겨울 메이크업으로 나뉜다.
- ▶ **내추럴 메이크업** : 내추럴(Natural)이란 '천연의, 자연 그대로의, 타고난, 가공하지 않은'을 의미하는 것으로, 내추럴 메이크업은 모델의 본래 특성을 살리고 화려한 색상보다는 아이보리, 베이지, 브라운을 포함한 뉴트럴 컬러(Neutral Color)를 사용하는 자연스러운 메이크업을 말한다.
- ▶ **트랜드 메이크업** : 그 시대의 사회·문화적인 배경을 바탕으로 제시된 새로운 메이크업 컬러, 패턴 경향이 일정기간 동안 대중적이고 보편적인 아름다움으로 받아들여지는 메이크업을 말한다. 최근 유행하고 있는 글로시 메이크업(Glossy Makeup)과 스모키 메이크업(Smokey Makeup)을 예로 들 수 있다.
- ▶ **사진 메이크업** : 사진 작업을 위한 메이크업으로, 조명이나 배경을 고려하여 메이크업 분위기를 결정해야 한다.
- ▶ **웨딩 메이크업** : 결혼식을 위한 신랑, 신부 메이크업을 말하는 것으로 순결하고 화사한 이미지를 표현하고 예식 장소, 시간, 웨딩드레스의 색상과 이미지를 고려해야 하며 장시간 지속력 있는 메이크업이 요구된다.
- ▶ **쇼 메이크업** : 쇼의 테마·목적·의상의 무드를 표현하기 위해 이미지를 최대한으로 살리고, 쇼의 메시지를 효과적으로 전달하기 위한 메이크업을 말한다.
- ▶ **광고 메이크업** : 광고의 효과적인 전달을 위해 모델로 선정된 유명인사, 연예인을 광고 이미지에 맞게 메이크업하는 것을 말한다.
- ▶ **이미지 메이크업** : 다양한 패션 이미지에 따라 연출하는 메이크업으로, 헤어, 의상, 액세서리 등과 조화를 이루는 토털 코디네이션의 범주에 속한다고 할 수 있다.

2) 스페셜 메이크업

스페셜 메이크업은 일반 화장과는 달리 특수 분장 제품을 이용하여 외모의 변화를 추구함으로써 연극 또는 영화 작품 속 인물로 변모시켜주는 분장을 말한다. 기술적 범주에 따라 캐릭터 메이크업(Character Makeup)과 특수 효과 메이크업(Special Effect Makeup)으로 나눌 수 있다.

- **캐릭터 메이크업** : 자상(刺傷), 총상, 화상, 흉터, 시체분장, 노역분장 등의 부분적인 신체 변형을 비롯하여 외계인, 악마, 역사적 인물 등으로 급격한 외모 변화를 주기 위한 메이크업이다. 배우의 얼굴 또는 전신의 형태를 석고로 떠서 모형을 제작하고 3차원의 입체변화를 주는 프로스테틱스(Prosthetics), 틀(Frame) 제작, 몰딩(Molding), 조각(Sculpting), 폼(Foam) 제작, 페인팅(Painting)과 컬러링(Coloring) 같은 실물 주조(Casting) 등의 과정이 요구된다.
- **특수 효과 메이크업** : 특수 효과 메이크업은 광의의 의미에서 메이크업에 속하나 특수 효과 기술과 분장기술의 공조에 의해 완성되는 메이크업이다. 배우가 직접 할 수 없는 장면을 위해 수동 또는 자동으로 작동되는 기계를 이용하여 캐릭터를 창조는 애니메트로닉 메이크업(Animtronic Makeup)과, 컴퓨터그래픽을 이용하여 캐릭터를 창조하는 디지털 메이크업(Digital Makeup)이 있다.

3) 아트 메이크업

아트 메이크업은 핸드 브러시(Hand Brush) 또는 에어 브러시(Air Brush)를 사용하여 인체용 물감으로 하나의 작품을 창조해나가는 예술적 작업으로, 주로 얼굴 일부에 행해지는 판타지 메이크업(Fantasy Makeup)과, 얼굴과 몸 전체에 행해지는 바디 페인팅(Body Painting)으로 나눌 수 있다.

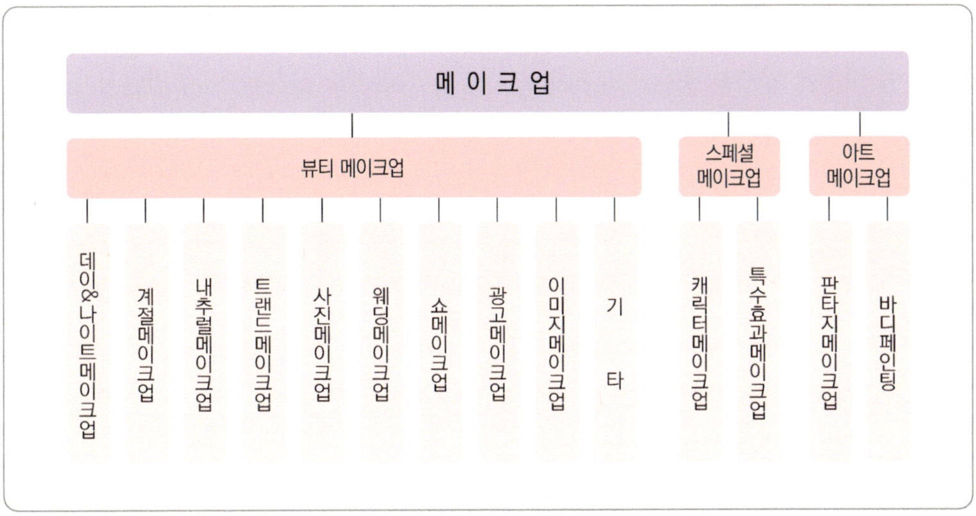

〈그림 1-3〉 메이크업의 분류

3. 메이크업의 동기 및 필요성

메이크업은 토털 패션의 중요한 하나의 요소로 오랫동안 사회·심리학자들의 관심과 연구의 대상이 되어 왔으며 시대적인 배경, 문화, 패션경향, 미의식, 사회적인 추세(issue)에 따라 변화를 계속하고 있다.

화장은 인간에게 특유한 것으로 인간 이외의 고등영장류는 화장하는 일에 흥미를 보이지 않고 있는데 인류문명이 진보했다고 생각하지만 겉모습을 변하게 하고 싶다는 강한 충동은 심리학적으로는 보다 원시적인 사람들의 충동과 유사하다. 피부의 외관이나 색을 바꾸고 싶다는 욕망은 인간에게 있어서 특유의 사회적 욕구라고 간주되었고 그러한 이유로 인간은 피부에 색을 칠하기도 하고 문신을 넣기도 하고 형태를 바꾸기도 한다.

기원전 5천년의 이집트 제1왕조 분묘에서 지방에 향을 넣은 화장수와 화장경(鏡)이 발견됨으로써 그때부터 화장이 시작된 것 아니냐는 추측과 더불어 화장이라는 것이 자기를 장식하고 또한 과시하기 위한 장술(粧術)이라고 생각한다면 어떤 형태의 화장이나 화장품이건 인류의 역사와 더불어 시작되었다고 볼 수 있다.

3.1. 메이크업의 동기

인류가 메이크업을 시작하게 된 동기는 다음과 같이 설명할 수 있다.

첫째, 메이크업은 미적, 성적 본능을 만족시키기 위한 수단에서 비롯되었다. 원시 시대 사람들이 피부에 일시적 또는 영구적으로 그림을 그리거나 상흔을 새겨 얼굴과 몸을 장식한 것에서 메이크업이 시작되었다고 보는 학설이다. 예뻐지고 싶고 추한 것을 보이기 싫어하는 것은 인간이면 누구나 가지고 있는 본능이며, 이성뿐 아니라 다른 사람의 관심을 끌기 위해 화장을 하게 되는 것은 인간의 공통된 심리라고 할 수 있다.

둘째, 메이크업은 주술적, 종교적 욕구를 충족시키기 위한 수단에서 비롯되었다. 초자연과의 융합을 위한 종교적 행위로서 얼굴과 몸에 색상을 부여하거나 향을 이용하여 병과 액을 물리치고 복을 비는 행위로부터 메이크업이 시작되었다고 보는 학설이다. 전승(戰勝)을 기원하기 위해 얼굴에 색칠을 하는 관습은 지금도 미개발 민족간에 남아있고 질병을 피하기 위해서 또는 신을 믿는 사람들이 마귀를 쫓기 위해서 얼굴이나 몸에 색칠을 하는 관습도 계속 행해지고 있다.

셋째, 메이크업은 성별, 사회적 지위, 소속 집단 등 신분을 표시하기 위한 수단에서 비롯되었다. 예로부터 다른 화장법으로 성적, 집단적 구별이 행하여졌고, 또한 정복자가 피정복자에 대해서 예속을 과시하기 위해 메이크업을 강요하는 경우가 토속인들 사이에 많이 성행하였다. 단주(丹朱)를 바르는 풍습과, 얼굴에 먹을 바르는 것이 게임에서 승자의 패자에 대한 제재 수단으로 행해졌다는 사실도 이와 관련된다. 아프리카의 추장들은 자신의 신분을 나타내기 위해 커다란 깃털로 머리장식을 하고 코끼리 상아 또는 짐승 뼈로 코를 뚫어 용맹을 상징하였으며 붉은 색소를 이용하여 얼굴이나 신체를 장식하였다.

넷째, 메이크업은 신체의 보호를 위한 실용적 수단으로 화장품을 사용한데서 비롯되었다. 아이섀도(Eyeshadow)를 발명한 고대 이집트인들은 오늘날에도 흔히 사용되고 있는 녹색과 흑색의 두 종류의 아이페인트를 사용하였다. 녹색페인트는 동(銅)을 함유한 마라카이트(Malachite)였으며 나중에는 방연광(方鉛鑛 : 광택이 나는 연회색의 금속 광석)이 함유되어 있는 유화연(酉化鉛)의 검은색을 좋아하게 되었는데 이것은 실제 과학적인 진보로서 동보다 살균, 살충 작용이 우수하였다. 그 당시 만성결막염과 같은 눈의 전염병은 매우 일반적이었고 실명의 위험성이 컸기 때문에 눈병 발생의 빈도를 저하시키기 위해 눈 주위에 색을 칠하여 눈을 보호하였다.

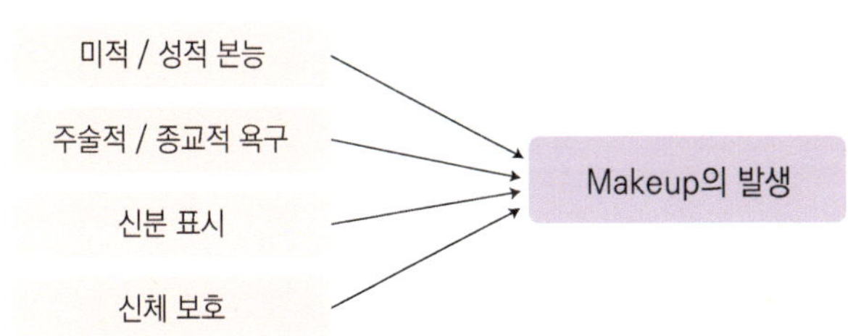

〈그림 1-4〉 메이크업의 동기

3.2. 메이크업의 필요성

1) 메이크업의 역할과 필요성

사람은 누구나 미에 대한 강한 욕구를 가지고 있는데 여성들에게 있어서 화장을 하는 행위 자체는 마음을 부드럽게 해 주고 꿈을 주는 것이다. 무엇보다 아름답게 되고 싶다는 마음이 중요하다. 특히 여성들의 아름다움을 향한 욕구는 매우 강해 문신을 하거나 눈, 코, 심지어 얼굴의 윤곽선까지 고쳐 외형적인 변형을 가하기도 한다.

최근에는 매스 미디어의 발달과 고도의 산업화로 인해 개성화, 다양화를 부르짖는 시대에 살고 있기 때문에 시각적인 요소를 매우 중요시 여기게 되었다. 또한 현대는 자기를 주장하는 시대로 여성들의 급격한 사회진출의 증가로 말미암아 토털 패션의 한 부분으로서 메이크업의 중요성은 어느 때보다도 부각되고 있다.

다시 말해, 얼굴은 움직임이 있고 표정이 있는 부분이므로 얼굴의 부분 부분에 의해 어떤 표현이 되는가, 또한 그 때의 상황에 어울리는 자기표현을 하는 일, 즉 화장을 함으로써 자기 자신을 암시하고 주장한다고 할 수 있다.

또한 화장을 하는 사람은 부지런하고 주위사람들에게 온화함과 따뜻함을 느끼게 한다. 수시로 자신을 메이크업하여 다른 사람에게 긴장된 모습을 보임으로서 자신 있고 활력 있는 생활을 할 수 있다.

아름다움에 관심이 높은 여성은 그러한 마음가짐이 행동에도 나타나 세련된 멋을 주는데 멋이란 부자연스러운 것이 아니고 자연스러운 것이다. 또한 아름다운 피부야말로 메이크업의 효과를 높인다. 아름다운 피부는 건강한 피부를 말한다. 그러나 우리의 피부는 노출되어 있어 강한 자외선, 바람, 대기오염, 지나친 냉·난방 등으로 지쳐있고 손상받기 쉬우므로 평소에 가볍게 화장을 함으로써 피부를 보호해 주어야 한다.

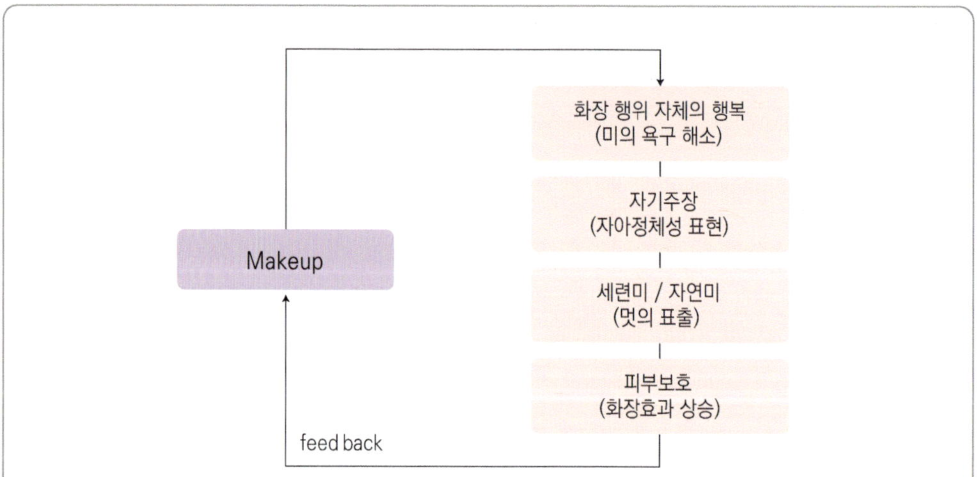

〈그림 1-5〉 메이크업의 역할과 필요성

2) 건강한 피부의 완성

▸ 건강한 피부란?

아름다운 피부를 갖고자 하는 것은 누구나 갖는 소망이다. 아름다운 피부란 곧 건강한 피부를 말한다. 피부는 우리의 몸을 싸고 있는 커다란 한 장의 껍질이다. 그러므로 피부는 햇볕, 기온의 변화, 먼지 등 외기(外氣)로부터의 자극을 막아 준다. 이러한 외기의 자극을 많이 받은 피부는 자연히 거칠어지고 그러한 변화를 피부노화라 부른다.

피부의 건강은 몸 안에서 만들어진다. 그렇기 때문에 건강한 피부를 유지하기 위해서는 신경을 쓰며 지켜나가야 한다. 매일 정성들여 가꾸는 피부의 손질은 바로 피부노화를 막는 일이다. 건강하지 못한 사람은 피부도 아름답지 못하다. 그러므로 몸 안에서 건강한 피부를 만들고 외부의 자극으로부터 피부가 거칠어지는 것을 방지해야 한다.

▸ 건강한 피부의 조건

① 피부 표면에 적당한 긴장감과 수분이 있어야 한다.

피지막은 각질층의 수분이 발산하는 것을 막아주며 약 15-20%의 수분을 항상 보유하고 있다. 이 수분에 의해 피부 표면은 촉촉하고 습기가 있으며 탄력있는 상태로 유지된다. 피지막이 피부 표면의 pH를 약산성으로 보존하고 피부를 보호하고 있다.

② 피부 표면에 매끈함이 있어야 한다.

피지막이 기름지면 수분이 각질층을 지나가는 동안 깊이 스며들어 생명력을 잃어 죽어가는 세포를 촉촉하게 적셔 주고 함부로 벗겨져 떨어지지 않게 된다. 그러나 피지분비량이 적어 피부가 건성(乾性)이 되면 피부 표면이 메마르고 꺼칠꺼칠하며 각질층의 여분이 탈락된다.

③ 피부가 부드럽고 탄력이 있어야 한다.

피부의 탄력성은 표피와 진피의 경계에 있는 파도 모양과 진피의 탄력 섬유 등에 의해 유지된다. 연령 또는 자외선 등 외부 자극의 영향을 받아 노화가 진행되고 이에 따라 탄력성도 줄어든다.

④ 피부에 광택과 생기가 있어야 한다.

이것은 특히 육체적, 정신적인 건강의 영향을 받기 쉽다. 피부의 영양은 음식물에서 섭취되고 혈액을 통해 운반되고 있으며 충분한 영양과 원활한 혈액 순환에 의해 끊임없이 새로운 피부 세포가 만들어진다. 따라서 피부의 광택과 생기는 육체적인 건강의 영향도 많이 받지만 이에 못지않게 정신적인 건강도 피부를 생기 있게 보존하는데 중요한 요소가 되고 있다.

이와 같이 건강한 피부란 피부 표면뿐만 아니라 피부 내면까지도 건강한 상태로, 규칙적인 생활이나 균형 잡힌 식생활 등으로 정신적으로 안정 되어 있는 경우를 말한다.

▸ **건강한 피부로 유지하는 방법**

① 충분한 수면을 취한다.

수면은 피부에 영양과 산소를 공급해 주고 피부 조직을 회복시켜주며 특히 심신의 피로 회복에 절대적으로 필요하다.

피부를 건강하게 하고, 젊음을 오래 유지하기 위해서는 충분한 수면을 취하는 것이 중요하다. 특히 밤 10시-새벽 2시 사이에 쉬는 것이 중요하다. 그것은 이 시간에 표피세포의 분열이 더욱 활발해지고 모세혈관도 넓어져서 혈액이 충분히 피부에 공급되기 때문이다. 또한 충분한 수면이라는 것은 오랜 시간 잠을 자는 것이 아니라 깊은 수면을 취하는 것을 의미한다. 개인에 따라 수면의 형태나 피로 회복의 시간은 각각 다르므로 자신에게 맞는 수면시간을 알아서 다음날 피로가 남지 않도록 해야 한다. 보통 하루에 8-10시간의 수면을 취하면 충분하다고 할 수 있다.

② 영양 섭취의 균형을 유지한다.

건강은 아름다운 피부의 제1의 요소이다. 건강을 유지하기 위해서 충분한 칼로리와 균형 잡힌 영양을 섭취해야 한다. 즉 단백질, 지방, 탄수화물, 무기질, 비타민 등을 골고루 섭취해야 한다. 특히 비타민은 피부기능에 있어서 매우 중요하기 때문에 건강한 피부 유지에 꼭 필요한 영양소이다.

사람의 혈액은 대개 약 알칼리성이므로 항상 적당한 알칼리도를 유지해야 한다. 혈액의 산성도가 높아지면 피부는 저항력과 생기를 잃게 되므로 야채나 과일 등의 알칼리성 식품을 많이 섭취하도록 한다.

③ 매일 매일 몸의 상태에 신경을 쓴다.

"피부는 건강의 척도"라는 말은 피부구조와 기능을 잘 나타내 주는 말이다. 과로, 불면, 영양의 불균형, 변비, 빈혈 등에 의해서 흔히 얼굴색이 나빠질 수 있고 피부의 광택을 잃어버린다. 따라서 건강하고 아름다운 피부를 오랫동안 보존하기 위해서는 심신의 건강이 무엇보다도 중요한 조건이 된다.

또한 내장의 병도 피부에 여러 가지 영향을 미치게 되는데 특히 성(性)호르몬 등 호르몬 분비에 이상이 생기면 피부에도 이상을 초래한다. 그러므로 규칙적인 생활을 하고, 충분한 수면과 휴식을 취하여 몸의 건강을 유지하는 것이 건강한 피부를 오래 유지할 수 있는 한 방법이다.

④ 적당한 운동을 한다.

우리들의 신체는 활동하게 되어 있기 때문에 움직이는 것이 귀찮아진다면 이미 노화가 시작된 것이라고 생각할 수 있다. 신체를 오래 움직이지 않게 되면 몸의 이곳저곳이 굳어져서 움직여야 할 경우에 움직일 수 없게 된다. 그러므로 나이에 상관없이 각자에게 알맞은 적당한 양과 질의 운동이 필요하다.

운동을 좋아하지 않아 특별히 스포츠에 흥미가 없는 사람이라도 일상생활 가운데서 걷기, 달리기, 허리 구부리기, 뻗기, 굽히기 등의 동작을 의식하지 않는 가운데 여러 가지 형태로써 행동하도록 하는 것이 필요하다. 이러한 동작은 그 자체로써 훌륭한 운동이 될 수 있으며 피로하지 않은 정도로 계속하면 상쾌한 신체 상태를 유지할 수 있게 된다.

⑤ 피부가 손상되지 않도록 피부 손질에 신경을 쓴다.

피부를 비누로 닦고 맑은 물로 씻어내어 피부의 더러움을 없애고 피부의 표면을 항상 청결하게 유지한다. 기초 화장품을 발라 피부를 손질한다.

⑥ 흡연을 하지 않는다.

담배는 피부자체에 해가 될 뿐 아니라 피부의 모세혈관을 수축시켜서 피부의 혈류(血流)를 방해하기 때문이다.

4. 메이크업의 심리

여성들은 화장에 의해 자신의 외모가 아름답게 변하는 것을 보고 행복해 한다. 거울을 통해 자신의 모습을 관찰하여 자신 있는 부분과 그렇지 못한 부분을 잘 파악하고 수정, 손질함으로써 심리적인 안도감과 안정을 얻어 자기 자신뿐 아니라 다른 사람에게 아름다운 모습으로 보이도록 하는 것이 바로 메이크업이다.

사람을 평가할 때 그 사람의 외모가 큰 몫을 한다는 것은 누구도 부인하지 못할 것이다. 외모 중에서도 특히 얼굴을 통한 일차적인 판단이 가장 많은 비중을 차지하고 있다. 얼굴은 선천적인 외모는 물론 표정이나 움직임에 따라 다양하고 개성 있는 모습으로 연출되기 때문에 이를 표현대상으로 하는 메이크업의 중요성은 점점 더 강조되고 있다.

인간 행동의 관찰자인 어빙 고프만(Erving Goffman)은 외모의 결함 때문에 대중으로부터 분리되어 고민하는 사람에 대해 "그들의 비극은 외적 결함 하나 때문에 인생 자체가 문제가 되는 점"이라 말하고 그런 사람은 일반적으로 성격에 결함이 있음은 물론 사회적 가치에 있어서도 결함을 나타낸다고 하였다.

얼굴은 그 사람의 성별, 연령, 건강, 풍요의 정도를 보여주는 척도이자 언어 이외의 커뮤니케이션이라고 할 수 있기 때문에 자기를 가꾸는 메이크업은 필수적이 된다. 메이크업을 함으로써 얻어지는 심리적인 효과, 즉 자기 이미지가 더욱 좋아짐에 따라 얻어지는 부가적인 가치는 생산적이고 삶에 의욕을 불러일으켜 준다. 메이크업의 토대가 되는 피부는 감정 표현의 한 수단으로 사용되기도 한다. 격노, 수치, 공포를 느낌에 따라 피부는 새파랗게 되거나 붉어지거나 땀이 나기도 하고, 털이 곤두서는 등 다양하게 변화한다. 또한 자기표현의 다양한 형태로 투쟁, 연애, 복수 등의 기분을 다른 사람에게 전하기도 한다.

사회생활에서 성공하기 위해서는 얼굴에 자신의 감정을 표현하지 않는 '포커 페이스'(poker face)가 요구되기도 한다. 다행히 여성은 메이크업을 통해 화사한 느낌으로 자신을 표현할 수 있고, 기미, 주근깨, 흉터 등 결점을 커버하여 겉모습을 바꾸어 줌으로써 다른 사람에게 호감을 주고 자신의 마음을 안정시킬 수 있다.

이처럼 메이크업은 외적 매력을 증진시키는 중요한 수단으로 작용한다. 한 연구에 따르면 매력적인 사람은 자기 자신을 보다 높이 평가하며, 매력적이지 않은 사람은 자기를 낮게 평가하는 경향이 있다. 메이크업 후 자기 자신이 육체적으로 더욱 매력적이고 건강하게 보인다고 인식하는 사람은 다른 사람을 만나고 싶다거나 외출하고 싶다는 사회적 자신감을 갖는다. 이처럼 메이크업은 단순히 외양을 아름답게 할 뿐 아니라 사회 활동을 할 때 자신감을 주고 보다 좋은 인상을 줌으로써 인생에 더욱 적극적인 자세를 갖도록 만들기도 한다.

여러 연구에서 나타난 공통적인 결과는 외모가 매력적인 사람은 직장에서도 좋은 기회를 많이 얻게 되고 인기가 있으며 사교적일 뿐 아니라 강한 지지를 받는 경향이 있었다. 일상적인 경험을 통해서도 매력적인 사람은 확실히 능숙하게 타인에게 영향을 준다는 것을 알 수 있다.

따라서 스스로 매력적인 여성이 되기 위해 노력하는 것은 중요하다. 그러나 매력이 겉 모습에만 국한되어서는 안 되며, 더욱 중요한 것은 내적인 충실함에서 우러나오는 매력을 동반하고 있어야 한다는 것이다. 허영이나 외식이 아니라 참된 아름다움만이 자신은 물론 가정, 직장, 사회를 밝게 하는 원동력이 되기 때문이다.

〈그림 1-6〉에서 보는 바와 같이 메이크업을 함으로써 얻어지는 사회·심리적 효용으로는 피부를 만지고 문지르는 과정에서 자기 쾌감을 느끼게 되고 아름다움에 대한 소망을 충족시켜 나간다는 것이다. 화장을 함에 따라 변화되는 모습에서 창조의 즐거움을 느끼거나 스트레스가 해소되기도 하며, 피부의 결점을 보완하고 기분 좋은 긴장감을 갖게 되기도 한다. 아름답게 메이크업 된 모습은 외관적으로 좋은 평가를 받게 되고 사회적인 활동에도 더 활발하게 참여하게 되어 적극적인 자기표현이나 대인행동에 자신감을 갖게 된다.

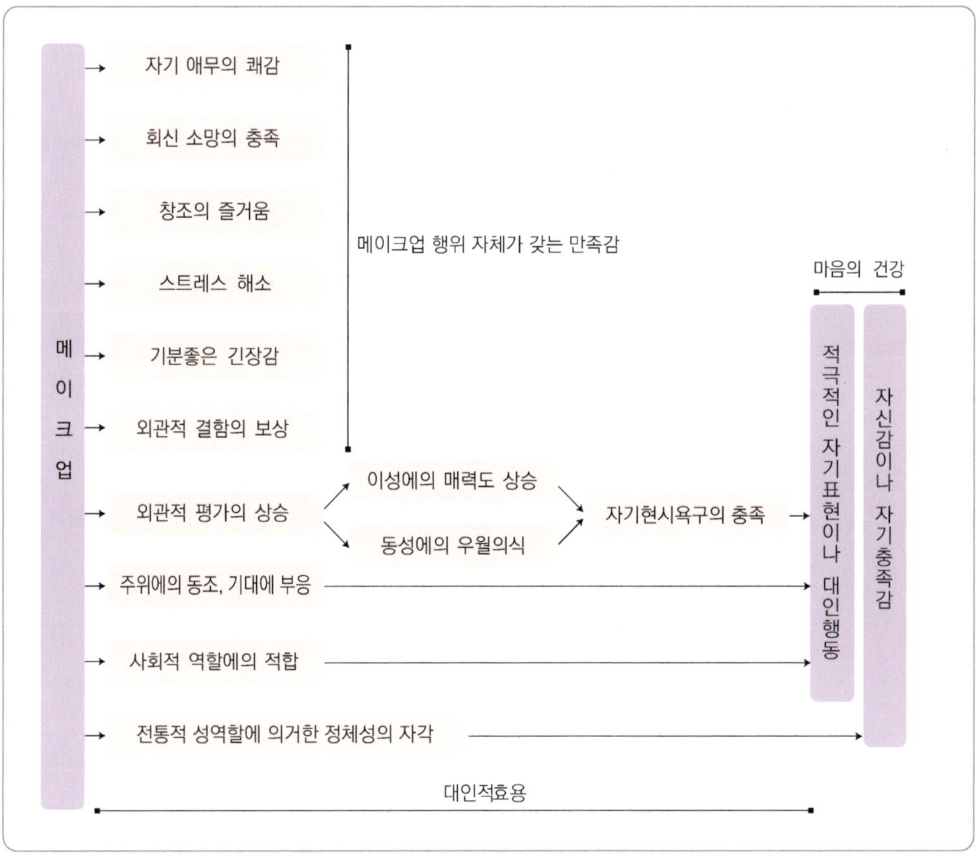

〈그림 1-6〉 메이크업의 사회 · 심리적 효용

이화순(2002) 연구에 따르면 연령별 화장의 사회·심리적 기대효과는 〈그림 1-7〉과 같다. 즉 연령에 따라 메이크업을 함으로써 기대되는 적극성 상승의 관계는 10대에서 20대로 가면서 적극성 상승이 약간 감소하는 경향이 있었으나 20대 이상에서는 큰 폭으로 상승하는 것으로 나타났다. 연령과 변화의 즐거움의 관계는 10대에서 20대로 가면서 변화의 즐거움이 큰 폭으로 상승하는 경향이 있었으나 20대 이상에서는 변화의 즐거움이 감소하는 경향이 있는 것으로 나타났다.

연령과 자기부족감 보완 및 자기가치표현 사이의 관계는 직선 관계로 가장 잘 설명할 수 있으나, 연령이 많아짐에 따라 자기부족감보완 및 자기가치표현이 큰 폭으로 떨어지는 것으로 나타났으며 연령과 타인에 대한 예의수행의 관계도 직선관계로 가장 잘 설명할 수 있는 것으로 나타났다. 즉 연령이 많아짐에 따라 완만한 기울기로 타인에 대한 예의수행이 증가하는 것으로 나타났다.

연령과 변신의 도구 관계는 10대와 20대에서는 큰 폭으로 상승하였으나 20대 이상에서는 큰 폭으로 감소하는 경향을 보였다.

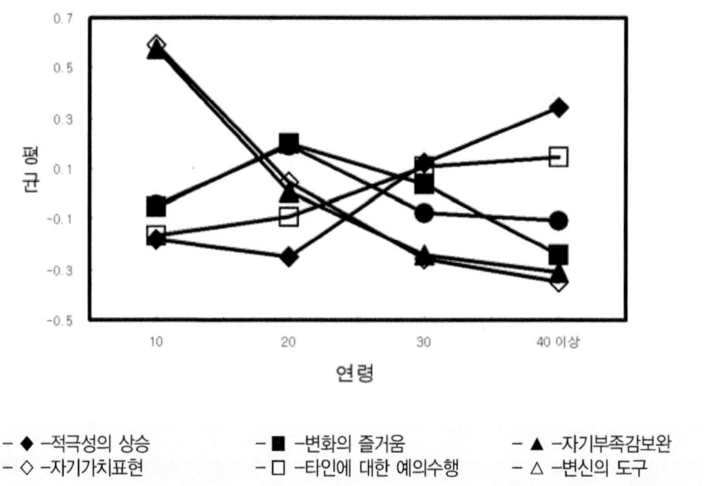

〈그림 1-6〉 메이크업의 사회 · 심리적 효용

5. 메이크업 디자인의 이해

5.1. 메이크업의 5가지 요소

메이크업의 5가지 요소에는 디자인 3요소인 '형태'(Form), '색상'(Color), '질감'(Texture)과 '정보'(Information), '인스피레이션'(Inspiration)이 포함된다.

첫째, 메이크업의 형태는 점, 선, 면으로 이루어지는데 메이크업으로 아름다움을 정확하게 표현하기 위해서 가장 중요한 것이 선의 연구이다. 선은 길이와 굵기에 따라 그 느낌을 다양하게 표현할 수 있다.

둘째, 메이크업은 색상에 따라 확실하게 다른 이미지를 연출할 수 있다. 메이크업 색상 톤은 크게 따뜻한 난색계열의 '웜 톤'(Warm Tone)과 시원한 한색계열의 '쿨 톤'(Cool Tone)으로 나눌 수 있다.

셋째, 메이크업의 질감은 향장품 재질에서 받는 느낌으로, 시각적 질감과 촉각적 질감으로 나뉜다. 시각적 질감으로는 빛의 반사정도에 따라 '매트'(Mat), '글로시'(Glossy), '펄감'(Pearl)이, 촉각적 질감으로는 수분과 유분함량에 따라 '파우더리'(Powdery), '워터리 & 오일리'(Watery & Oily), '크리미'(Creamy)가 있다.

넷째, 메이크업을 효과적으로 하기 위해서는 정보가 필요하다. 요즘에는 메이크업이 아주 보편화되어 있을 뿐 아니라 그 흐름도 점점 다양해지고 새로운 유행이 만들어지기도 한다. 무조건 유행을 따르는 것도 좋지 않지만 유행을 도외시한 표현 또한 진부하고 촌스럽기까지 하다.

패션 트랜드의 영향을 가장 많이 받는 것이 바로 메이크업이라고 볼 수 있으므로 그 해 그 시즌의 유행색과 실루엣 등을 알아두면 세련되게 메이크업을 할 수 있다. 여성적인 실루엣에는 여성적인 느낌의 메이크업으로 연출한다거나 매니쉬(Mannish)한 분위기에는 액티브한 메이크업은 물론 유행색을 고려해 표현해 주는 센스가 필요하다.

TV나 패션 전문지, 신문을 참고로 하거나 인기 연예인, 여성 앵커, 예술가, 패션 디자이너 등 패션을 리드하는 사람들에게 정보를 얻을 수도 있다. 이렇게 습득한 정보에 자기만의 창조적인 작업을 곁들인다면 훌륭한 메이크업을 연출 할 수 있다.

다섯째, 메이크업은 창의적인 작업이므로 원칙이나 공식을 아는 것보다도 풍부한 영감과 센스가 있어야 한다. 메이크업은 이제 아트(Art)의 한 분야로 서서히 부각되고 있으므로 풍부한 영감과 깊은 관심을 가지고 즐겨야 훌륭한 메이크업 아티스트가 될 수 있다. 그러나 영감이 부족하더라도 어느 단계까지는 반복적인 연습과 훈련으로 가능하므로 지금 당장 시도해 보고 또 시도해 보도록 하자.

"여자가 자신을 아름답게 가꿀 때 그는 그가 만나는 모든 사람들에게 그 아름다움을 나누어주는 것이다"라고 퍼크 웨스트모어(Perc Westmore)가 말했듯이 여성들에게는 여성만의 특권이 있다. 이것이 바로 아름다움을 창조하는 작업인 메이크업인 것이다. 세심하고 과학적이며 직접적인 관찰을 통해 우리는 사랑스럽지 않은 여성은 없음을 실감하게 된다. 단지 아름다움을 표현하기를 포기하거나 그 방법을 모르는 용기 없는 여성이 있을 뿐이다.

앞에서 서술한 요소들에 개성과 자연스러움이라는 기본적인 요소를 덧붙이면 더욱 바람직할 것이다.

5.2. 메이크업 디자인 훈련과정

얼굴의 아름다움을 느끼게 하는 중요한 요소는 자신을 올바르게 보는 방법이다. 여기에 영감이 가해지고 목적하는 메이크업 디자인의 아이디어가 탄생하는 것이다.

올바르게 보기 위해서는 먼저 기초지식을 넓혀야 한다. 기초지식을 바탕으로 보는 눈을 길러서 마음을 풍부하게 하고, 색과 형, 이미지를 소화시키는 공부가 필요하다. 이것은 이론만으로는 발전이 없고 직접 실습을 해 보는 일에 의해서 연마된다. 예를 들어, 모나리자의 얼굴이 아름답다고 느낀 경우 이 아름다움이 어디에서 오는지를 분석해 보자. 매끄러운 피부, 넓은 이마, 깊숙한 눈두덩, 미소 띤 입술, 풍부한 얼굴 윤곽 등 이것을 실제의 메이크업에 응용해서 브러시로 윤곽을 확실하게 그려보도록 한다.

사람은 누구나 영감을 가지고 있다. 그러나 지식이 있다 해도 항시 무엇인가를 느끼는 풍부한 감수성이 없으면 직감력이 둔해진다. 직감력을 풍부하게 하기 위해서는 모든 일상사에 대해서도 의식을 가지고 보려고 하는 의욕이 필요하다. 이러한 습관은 알지 못하는 사이에 민감한 감수성을 지니게 된다.

화장을 하기 전에 첫째, 철저한 관찰과 분석이 필요하다. 화장 기술을 익히기 전 상대방을 보고 무엇을 어드바이스 하는 것이 좋은가 순간적으로 알아내는 센스를 기르는 것이 중요하다. 주위에 있는 얼굴을 보고 어느 부분을 어떻게 하면 좀 더 아름답게 될까 하는 것을 반사적으로 느끼는 훈련을 하는 것도 효과가 있다. 얼굴형, 눈 모양, 눈썹, 입술 모양 등은 사람마다 제각기 다르기 때문이다. 또 한 가지 중요한 것은 조화시키는 감각을 길러 주는 일이다. 그것은 아름다움을 볼 때 왜 아름다운가를 생각하게 하고 부자연스러움을 느낄 때는 왜 그런가 하는 것을 알 수 있게 하는 안목을 길러 주는 것이다.

둘째, 메이크업 기술을 익힌다. 아름다움에 대한 가치관은 그 시대의 배경이 되는 경제성, 사회성에 따라 다르고 또한 변화한다. 그러므로 이것이 제일이라는 단정은 내리기가 곤란하다. 그러므로 메이크업 디자인은 표준미에 맞춰보는데서 시작하여 점차적으로 다른 부분을 변화시키거나, 포인트를 부각시키는 방법으로 이미지를 변화시켜보는 것이 좋다.

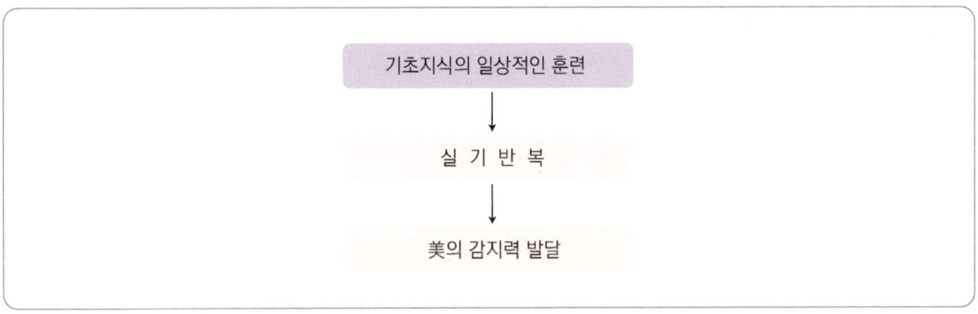

〈그림 1-8〉 메이크업 디자인을 위한 훈련 과정

CHAPTER 02.
메이크업을 위한 인체의 이해

CHAPTER 02.
메이크업을 위한 인체의 이해

1. 해부생리학적 이해

1.1. 골격의 특징과 메이크업 테크닉

10인 10색으로 표현되는 것처럼 사람마다 얼굴의 특징이 다르다. 또한 눈, 코의 생김새, 즉 눈썹, 코, 입술의 형이나 각각의 프로포션(Proportion)에 의해 한 사람 한 사람의 개성이 결정된다. 화가가 사람이나 동물을 생동감 있게 그리는 것은 생물체로서의 근육의 움직임과 골격을 알고 있기 때문이다. 만약 형태로만 그린다면 생기 있는 그림은 되지 않는다. 얼굴 역시 마찬가지이다. 얼굴을 구성하는 골격은 얼굴의 윤곽, 크기, 입체감을 알 수 있다. 골격은 연령, 성별, 인종 등에 의해서 각기 다른 특징을 가지고 있으므로 이러한 것을 고려하여 연구하는 것은 메이크업의 이미지를 만드는데 있어서 중요한 자료가 된다. 지방은 얼굴의 부풀음(살)을 만들고 있으며 연령, 성별, 건강상태 등에 따라 달리 나타난다. 근육은 표정을 만들고 피부 탄력에도 영향을 준다. 피부는 연령, 성별, 건강상태 등 정신적인 것을 포함하여 생활환경에 따라 다르다.

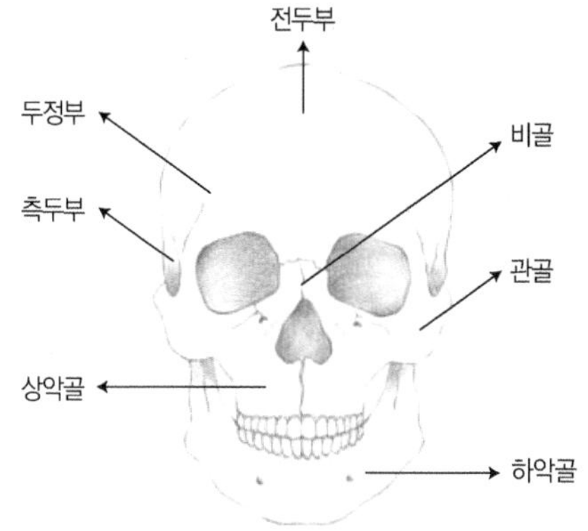

〈그림 1-8〉 메이크업 디자인을 위한 훈련 과정

얼굴의 개성을 파악하기 위해서 얼굴의 토대라고 말할 수 있는 골격에 대해 알 필요가 있다. 메이크업을 하는데 매우 도움이 되기 때문에 각 명칭을 외우는 것보다는 골격의 특징을 이해하도록 한다. 얼굴은 골상학적으로 볼 때 두개골(頭蓋骨)과 안면골(顔面骨)로 구성되어 있다. 흔히 뇌라고 부르는 두개골은 전두부(前頭部), 두정부(頭政部), 후두부(後頭部), 측두부(側頭部)를 총칭하며 인종에 따라 차이는 있으나 연령에 따른 변화는 그다지 없는 편이다. 안면골은 관골, 비골, 상악골, 하악골로 구성되어 있고 연령에 따라 크게 변화한다.

1) 이마

이마의 뼈는 정면으로 나오는 뼈로 얼굴 상부의 형을 결정한다. 앞쪽으로 조금 나와 부푼 곳이 있는데 이 형태가 이마의 모양을 만든다. 정면에서 본 이마의 넓고 좁음은 누가 보아도 금방 알기 때문에 옆에서 보는 모양이나 또는 이마의 윤곽을 지워주는 머리카락이 나는 부분의 형태에 의해서도 상당히 좌우된다.

이마의 아름다움에 대해서는 극단적으로 너무 넓거나 좁거나 또는 너무 돌출했을 경우는 베이스 메이크업을 할 때 하이라이트 & 섀도(Highlight & Shadow)을 사용하여 수정할 수 있다.

정면에서 보았을 때 이마가 넓은 경우는 이지적, 총명한 이미지를 주고 반대로 차가움이나 딱딱함을 느끼게 하는 경우에는 수정할 필요가 있다. 좁은 이마는 여성스러움, 부드러움을 느낄 수 있다. 결점이 있는 경우는 헤어스타일로 보완한다. 옆에서 보았을 때 직선적인 이마는 샤프한 느낌으로 남성에게 많은 형태이고 코와 입의 연결 상태가 그다지 완만하지 않다. 이지적이고 총명한 이미지를 주지만 반대로 냉정함과 딱딱한 인상을 주는 일도 있다.

곡선적인 둥근 이마는 여성이나 어린이들에게 일반적으로 많고 코와의 선이 완만하다. 부드러움이나 귀여움, 동안으로 보이는데 반대로 둥근 모양이 지나치면 흔히 말하는 짱구가 된다.

2) 활 눈썹

이마 아래에 있는 초승달 모양의 뼈가 눈썹 뼈이고 눈썹은 활 눈썹의 약간 아래에 난다.

얼굴의 입체감은 물론이고 눈매의 인상이나 패임의 깊이를 만든다. 인종이나 성별, 개인적으로도 차이가 있지만 활 눈썹이 너무 높으면 음침한 느낌이나 수척하거나 나이가 들어 보이는 인상을 준다. 알맞은 높이가 되면 얼굴에 입체감을 주며 어른스럽거나 이국적인 인상을 준다.

서양인이나 남성은 일반적으로 높고 여성이나 어린이들은 낮은 편이다. 따라서 여성스러움, 우아함, 온화함, 그리고 보다 한국적인 메이크업을 하는 경우, 활 눈썹의 높이를 강조하는 베이스 섀도를 충분히 고려해야 한다.

3) 코뼈

눈썹 뼈 사이의 미간에 있는데 이 미간 아래 이마 뼈는 늘어져 있고 코뼈와 연결되어 콧등이 된다. 정면에서 보았을 때 코뼈가 큰 경우는 굵고 전체적으로 안정된 이미지를 준다. 일반적으로 남자 성인들에게 많고 역동적이고 활력을 느끼게 한다. 여성스러움, 부드러움, 섬세함이 결여된 경향이 있다. 코뼈가 작은 경우는 여성스러움, 섬세한 이미지를 주지만 극단적으로 너무 가늘거나 적으면 빈약하고 신경질적이고 수척해 보이는 쓸쓸한 인상을 준다. 옆에서 보았을 때 코뼈가 높은 경우는 눈의 들어간 것과 어울려 이국적이고 지적이며, 어른스럽고 차가운 인상을 준다. 코뼈가 낮은 경우는 평면적이나 얼굴 전체의 균형을 생각하여 메이크업 할 필요가 있다. 친근감 있고 평온한 인상을 주고 애교를 느끼게 할 경우도 있다. 어린이는 어른과 비교하여 작고 낮기 때문에 젊음이나 귀여움을 표현할 경우에 참고하도록 한다.

4) 안와

아이 홀(Eye-hole)이라고도 부르는 안와(眼窩)는 안구가 들어있는 움푹 들어간 곳이다. 활 눈썹·코뼈·광대뼈의 높낮이, 눈꺼풀의 부푼 정도, 안구의 요철 등 여러 가지 상태와 함께 눈매의 느낌을 만든다. 눈꺼풀의 부푼 정도는 눈꺼풀의 지방함량, 활 눈썹이나 코뼈의 높이, 연령, 건강상태, 인종에 따라서 개인차가 있다. 눈꺼풀이 움푹 들어간 경우는 눈꺼풀에 지방이 적어 입체적인 깊이감을 주고 어른스럽고 도회적, 이국적인 인상을 주는 반면, 지나치면 나이 들어 보이거나 건강하지 않은 느낌을 준다. 따라서 메이크업 시술시 아이섀도는 어두운 것보다 눈매에 밝고 부드러움을 주기 위해 핑크, 퍼플, 옐로, 라이트 브라운 등과 같은 밝은 색을 사용하여 눈 모양에 따라 전체적으로 사용한다. 눈꺼풀이 부은 경우는 눈꺼풀에 지방이 많으며, 활 눈썹이나 코뼈가 낮을 때 한층 강조된다. 밝고 부드러운 색의 아이섀도를 전체적으로 바르는 것을 피하고 어두운 계열을 사용한다. 적당한 눈꺼풀의 부풀음은 부드러운 인상을 주고 우아함, 귀여움, 젊음을 느끼게 한다.

5) 광대뼈

볼 뼈는 얼굴의 전체적인 형태와 폭을 결정하는 것으로 이마의 뼈가 눈의 양끝에서 그대로 활 모양의 광대뼈가 되어 볼의 모양을 결정한다. 이는 치크 메이크업을 할 때 기준이 된다. 광대뼈의 형태는 인종에 따라서 차이가 있고 서양인보다 몽고 인종인 한국인이 더 돌출되어 있다. 그러나 광대뼈 아래에서는 적당한 지방이 붙어 있기 때문에 그다지 눈에 띄지 않는데 특히 뚱뚱한 사람이나 유아에서 청소년까지는 광대뼈가 두드러지지 않는 경우도 있다. 한편 마른 사람이나 나이가 들어감에 따라 살이 빠지고 광대뼈가 눈에 띄는 경우도 있다.

적당한 광대뼈의 높이는 얼굴에 입체감을 주어 현대적이고 어른스러운 이미지를 준다. 그러나 극단적으로 광대뼈가 높고 지방이 적은 경우 강하고 딱딱하고 빈틈없는 이미지이나 어두운 인상을 준다. 따라서 치크 메이크업 시술시 붉은 색이 두드러져 광대뼈가 강조되지 않도록 전체적으로 광범위하고 부드럽게 펴 발라준다. 광대뼈가 낮고 지방이 적은 경우 우아함, 젊음, 어른스런 느낌이지만 얼굴이 평면적으로 보일 수 있으므로, 치크 메이크업 시술시 볼 뼈를 강조하여 입체적인 얼굴을 만든다.

6) 관자놀이

관자놀이는 두개골의 양옆 부분으로 앞은 이마의 뼈에, 상부는 머리부분의 뼈에, 뒤는 후두부분의 뼈에, 하부는 활 형의 볼 뼈에 연결되어 있다. 얼굴 윤곽을 형성하는 중요한 역할을 하며 마른 사람은 눈에 잘 띄는데 살찐 사람은 지방에 의해 가려지기 때문에 볼과 관자놀이 그 주변밖에 눈에 띄지 않는다. 입체감 있는 수정메이크업 시술 시에는 관자놀이 부분에 어두운 파운데이션으로 음영 처리한다.

7) 턱

턱은 상악골(上顎骨)과 하악골(下顎骨)로 나뉘는데 상악골은 볼 뼈에 연결되어 있고 하악골과 함께 구강을 만든다. 이의 크기와 모양, 돌기, 치열 등에 의해 윗입술 모양에 영향을 준다. 하악골은 연령, 인종, 성별에 의해 차이가 있다. 상악골과 하악골은 턱의 근육을 붙들어 주고 얼굴 하반부의 윤곽을 결정한다. 턱은 음식을 씹는 부분으로 유아의 경우에는 충분히 발달되지 않아 작고 가냘프다. 턱 선이 가는 경우 미숙하고 어림, 약함, 섬세한 여성적 이미지를 주며, 턱 선이 각진 경우 강한 의지, 활력, 남성적 이미지를 준다. 그러나 적당한 턱 길이는 활동적이고 개성적인 현대적인 여성을 연상하게 한다.

한국인은 일반적으로 턱 끝이 두드러지지 않은 경우가 많고 서양인은 아랫입술의 밑 부분이 오목한 턱 끝을 가지고 있다. 나이 들어 이가 빠지거나 치조가 수축하면 아래턱의 높이가 낮아지고 안면의 하반부가 축소되어 주걱턱의 느낌으로 한층 늙은 인상을 준다.

1.2. 근육의 특징과 메이크업 테크닉

근육은 얼굴의 표정과 깊은 관계가 있기 때문에 골격과 마찬가지로 근육에 대해서 알아보는 것은 메이크업 할 때 매우 도움이 된다.

머리 부분에는 약 30개의 근육이 있고 크게 표정근(表情筋)과 저작근(咀嚼筋)으로 나눌 수 있다. 표정근은 두개(頭蓋)와 안면전체의 표층에 있는 얇은 판상의 작은 근육으로, 한 쪽 끝이나 양쪽 끝이 피부에 붙어 피부를 잘 움직이게 한다. 피부 근육이라고도 하는데 이들 근육의 발달 상태가 얼굴형을 만들고, 움직임으로 인해 얼굴의 표정을 나타낸다. 저작근은 천두근(淺頭筋)보다도 깊은 부분에 있는 4개의 근육으로 턱의 저작운동, 즉 아래턱을 위턱에 강하게 끌어당기는 운동을 하는 것이다.

• 눈 주위와 입 주위의 근육은 동일한 원형 근육으로, 마사지시 근육을 따라 둥글게 원을 그리면서 시술해야 한다.
• 입 가장자리를 잡아당기는 리본 형태의 작은 근육은 살의 안쪽에 붙어 있어 수축되면서 볼을 둥글게 하고 표정을 만든다. 이로 인해 입 주위 팔자 주름이 만들어지므로 메이크

업 시술시 밝은 파운데이션으로 하이라이트를 주면 그늘진 부분이 시각적으로 밝게 보여 주름이 커버된다.

- 눈꼬리에 생기는 주름은 눈웃음으로 인해 볼 뼈 아래의 근육이 위쪽으로 올라갈 때 생기는 주름형태이다. 두꺼운 메이크업은 주름을 더 강조하는 결과를 가져오므로 눈 주위에는 두껍게 메이크업 하지 않는 것이 좋다.

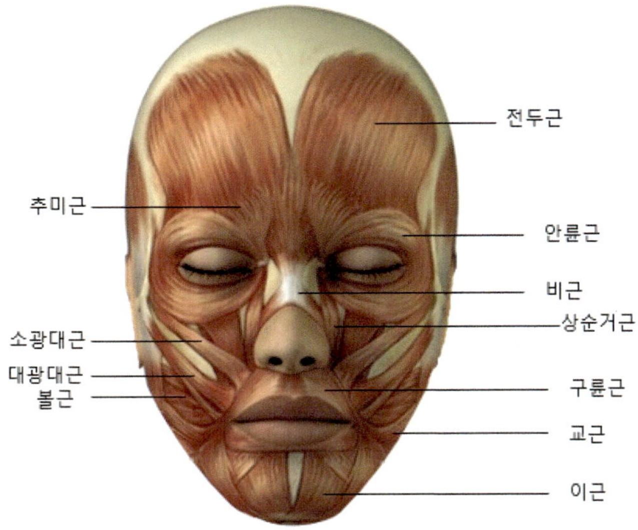

〈그림 2-2〉 근육의 구조

1.3. 표준형 얼굴의 프로포션

프로포션(Proportion)이란 '비율', '균형', '조화'를 의미하는 것으로, 신체에서 말하면 8등신, 9등신과 같이 머리의 크기와 신장의 밸런스(Balance)를 말한다. 또한 얼굴에서의 프로포션이란 얼굴의 개성을 파악하는데 하나의 척도가 되는 것으로, 눈, 코, 입 등의 얼굴 전체에 대한 균형을 말한다. 따라서 프로포션의 차이가 곧 그 사람의 개성이라고 할 수 있다.

메이크업을 할 때 얼굴의 형태만큼 큰 영향을 미치는 것은 없다. 얼굴 골격의 기본적인 구조, 생김새의 배열, 음영 등은 메이크업을 결정하는데 매우 중요한 역할을 한다. 아름다음은 각각의 부분이 합해져 나타나므로 전체 이미지에 미치는 프로포션을 파악하는 것이 매우 중요하다.

따라서 자신에게 가장 잘 어울리는 메이크업을 하려면 우선 자신의 얼굴형을 알아야 한다. 1930년 미국 할리우드의 메이크업 아티스트였던 Westmore가(家) 형제들은 골상학을 연구하면서 사람의 얼굴이 일반적으로 7가지 형태 중의 하나에 속한다는 것을 밝혀냈다. 즉 계란형(Oval shape), 긴 형(Long shape), 둥근형(Round shape), 사각형(Square shape), 삼각형(Triangular shape), 역삼각형(Heart shape), 다이아몬드형(Diamond shape)으로 경우에 따라서는 두 가지 기본형을 합친 형일 수도 있다.

일반적으로 계란형 얼굴은 가장 이상적인 형태로 얼굴의 폭보다 길이가 약간 길고 눈, 코, 입의 균형이 적합하여 시각적으로 보았을 때 가장 아름답게 느껴지는 표준적인 프로포션을 가지고 있다. 긴 형은 얼굴 길이가 아주 길고 가는 형태로 경우에 따라서는 얼굴의 길이가 폭의 두 배가 되기도 한다. 둥근형은 얼굴의 길이와 폭이 거의 동일하고 이마와 턱 부분이 아주 둥근 느낌을 준다. 사각형은 둥근형처럼 얼굴의 길이와 폭은 같지만 턱 선과 헤어라인의 거의 일직선에 가깝고 가장자리 선이 또렷하게 각이 져 보인다. 삼각형 얼굴은 턱 선이 가장 넓고 이마가 좁다. 턱 선이 아주 좁고 이마가 넓은 형태인 역삼각형 얼굴은 되도록 삼각형 얼굴의 형태로 메이크업하는 것이 보기 좋다. 다이아몬드형은 광대뼈 부분을 가로지르는 선이 가장 넓고 이마와 턱 선이 좁아 끝이 더 뾰족하게 보인다.

자신의 얼굴 형태를 아는 것은 메이크업의 기본인 만큼 반드시 객관적으로 평가해야 한다. 원하는 얼굴형을 만들기 위한 메이크업에는 여러 가지 방법이 있지만 기본적인 출발점은 자신의 원래 얼굴형이다. 그러므로 메이크업을 할 때는 장점이라고 생각되는 부분은 강조하고 결점으로 보이는 부분을 수정하는 것이 기본이다.

표준형 얼굴의 프로포션은 다음과 같다.

머리카락이 나는 경계 부분에서 턱 끝까지를 얼굴 길이라고 할 때 눈썹의 위치는 1/3지점에 있으며, 눈썹의 위치 다음의 1/3에는 코볼, 나머지 1/3을 2등분 한 곳에 아래 입술의 밑 선이 위치하고 있다. 웃었을 때의 폭은 동공의 바로 아래까지 구각(口角)이 오는 것이 아름답다. 눈은 헤어라인에서부터 구각까지 길이의 1/2위치에 있으며, 눈과 눈 사이에는 눈이 들어갈 정도의 넓이가 적당하고 코 폭은 눈 폭과 같다. 입 폭은 눈동자 안쪽을 내린 선보다 약간 작다. 눈썹의 길이는 눈머리와 수직선상에서 시작해서 코볼과 눈꼬리의 연결선상에 있을 때 가장 편안하고 어떤 얼굴형에도 어울리는 이상적인 눈썹 모양이라고 할 수 있다.

〈표 2-1〉 표준형 얼굴의 이상적 프로포션

명칭	특징	명칭	특징
얼굴의 길이	18.6cm	콧망울 위치	눈썹에서 1/3되는 지점
얼굴의 넓이	12.95cm	콧망울 길이	3.4cm
이마의 넓이	12.65cm	입술의 위치	정면을 향했을 때 눈동자 안쪽에서 내려오는 선
눈썹의 위치	이마에서 1/3되는 지점	입술의 길이	4.6cm
눈썹 꼬리	콧망울에서 눈꼬리를 지나가는 45°되는 지점	입술의 비율	1.(위) : 1.5(아래)
눈의 머리	콧망울에서 일직선	귀의 길이	5.7cm
눈의 길이	3.35cm	목둘레	30cm
미간의 넓이	3.3cm		

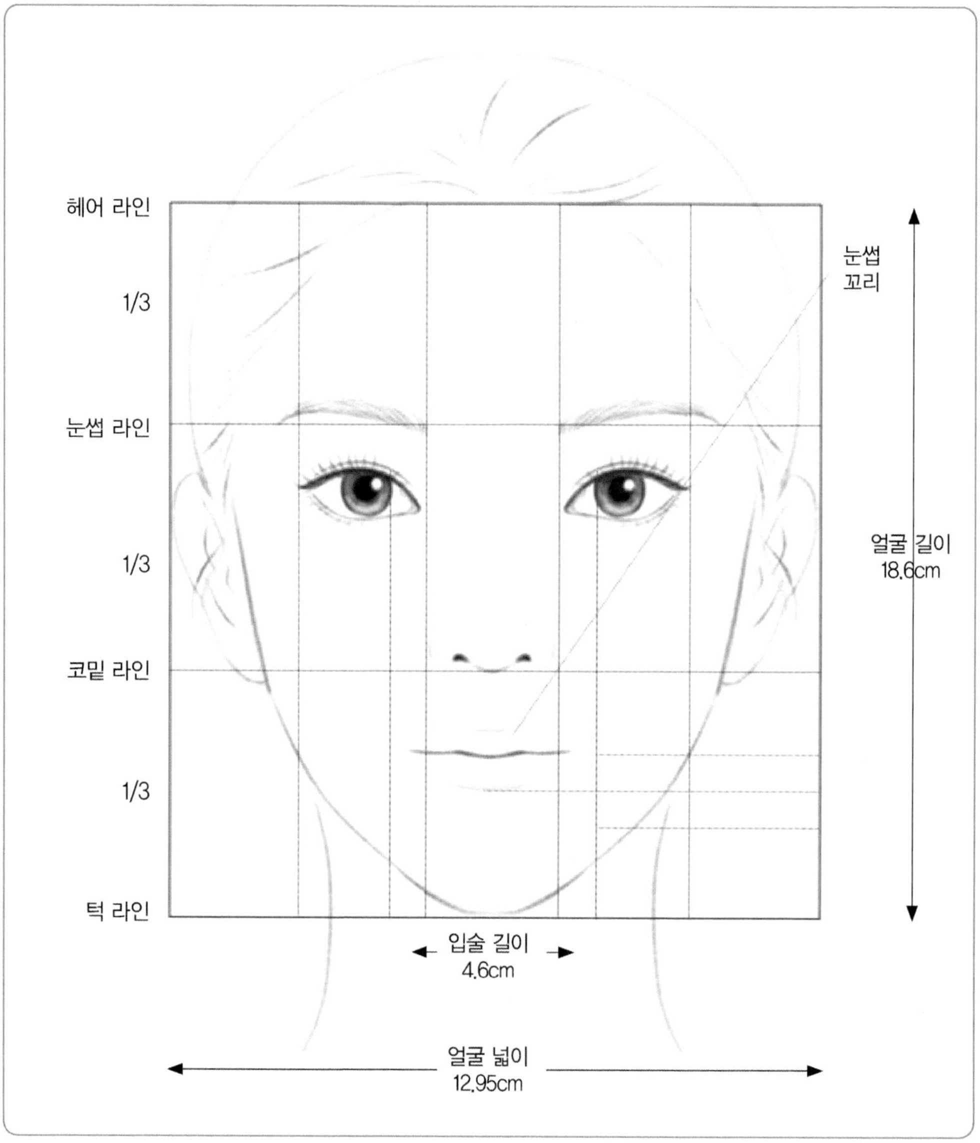

〈그림 2-3〉 표준형 얼굴 프로포션

2. 인상학적 이해

2.1. 얼굴 구조의 인상학적 분석

인상(人相), 즉 사람의 상을 보는 것을 일반적으로 '관상'(觀相)이라고도 한다. 인상학에서 인간의 형태는 천태만상으로서 사람 개개인의 지닌 특성이 있어 운명도 가지각색이며, 자신이 숙명적으로 타고난 형태에 따라 이미 그 사람의 자격의 윤곽이 판단될 수 있다. 인상을 볼 때 가장 중요한 것은 얼굴 전체와 눈, 코 등 각 부위와의 균형이다. 인상은 불변하는 것이 아니며 내적, 외적 수양을 통해 운세가 바뀔 수 있다. 이를 학문적으로 객관화한 것이 인상학(人相學)이다. 또한 메이크업을 통해 바람직한 인상을 연출할 수 있으며 인간의 미추(美醜) 또한 변화시킬 수 있다. 이로 인한 자신감과 원활한 인간관계를 통해 성공적인 사회생활을 영위해 나갈 수 있다. 각 얼굴 부위별 인상학적 분석은 다음과 같다.

1) 이마

이마는 얼굴의 최상 부위를 차지하는 넓은 자리로서 얼굴 중 으뜸가는 곳이다. 인상학에서는 이곳을 매우 중요시하여 먼저 이마를 살펴보고 운세의 대강을 점치기도 한다.

2) 눈썹

인상학에서 볼 때 눈썹은 형상에 따라 인간의 성격과 명운을 달리하고 지배하며 상징한다. 눈썹은 수명의 장단과 형제간의 인연, 친밀과 소원 또 지혜의 현우(賢愚), 즉 총명도를 살피고 빈부의 상을 가려내며 노후의 고독을 예견하고 나아가 정력의 강약과 이성관계를 보는 중요한 곳이다. 특히 여성에 있어서 눈썹은 중요한 미모의 포인트이며 따라서 대부분의 여성들은 메이크업을 할 때 눈썹을 그리고 다듬는다.

3) 눈

눈이란 만물을 관찰하고 감지하는 시각기관의 통칭이다. 또한 "눈은 마음의 창"이라는 말처럼 정신이 머무는 곳으로 그 사람의 심상을 알 수 있는 부분이다. 인상학에서 눈은 현재의 운기를 나타내는 대표적인 부위로 여겨지며, 성격을 비롯하여 안정감의 유무, 끈기와 인내력의 강약, 담력의 대소, 지모의 정도, 품성의 선악, 침착성의 여부, 경륜과 지도력의 정도, 간사함의 여하, 호색의 정도, 병고의 진단, 수명의 장단, 부부간 연분의 소밀 등을 파악할 수 있는 중요한 부분이다.

4) 코

코는 얼굴의 중심부에 위치한 돌기부로서 기능적으로는 외계의 공기를 흡수하여 폐로 보내는 기공이며 관문이다. 그것은 혈액에 활력소를 불어넣어 생체의 신진대사를 도모하고 냄새를 맡는 후각 작용을 하는 등 생존과 직결되는 부분이다.

5) 입

인간이 생활하는 데 있어서 타인과의 의사소통은 입을 통한 언어에 의하여 이루어진다. 인상학에서 볼 때 입은 감정과 의지를 직접 표현하고, 입을 통해 생활력, 언어구사 능력, 상하관계, 성격, 애정이나 성욕 등을 파악할 수 있는 부분이다.

6) 턱

얼굴의 맨 아랫부분으로서 인생의 만년 운을 나타내는 곳이다. 또한 체력(건강)과도 관계가 있으며 인내력과 의지력의 강약을 말해준다.

7) 귀

귀는 사람의 몸에서 오관 중의 하나로, 감각기능 중 청각작용을 주관하는 곳이다. 흔히 귓불이라고 부르는 수주가 길게 늘어져 있는 것을 귀상으로 여기며 이것이 두껍고 굳고 길면 복귀라고 하여 동양학에서는 장수와 부귀, 복록을 상징하는 것으로 되어 있다.

2.2. 얼굴 이미지의 인상학 분석

사람이 지닌 모든 내면적인 것, 영혼과 정신, 그리고 감정 모든 것이 결국 인상으로 남는다. 인상은 그 사람의 역사가 담긴 형상화된 이미지이며, 사람의 인상을 통해 그 사람의 성격을 파악하고 사람됨을 짐작할 수 있다. 다음은 얼굴상을 통해 본 인상의 예이다.

- 웃는 상은 남의 도움을 많이 받고 자신과 주위 사람에게도 행운을 가져다준다.
- 우는 상은 재능이나 기능에 의한 경우를 제외하고는 상호협조로 성공하기가 어려우며 고독하고 고생을 자초하여 역경 속에 빠져든다.
- 남성으로 여성적인 얼굴 모습이면 성격이 나약하고 추진력이 없어서 성공하기 어려운 상이다.
- 여성으로 남성적인 얼굴 모습이면 성격이 과격하고 활동력이 좋아서 스스로 고달픔을 자초하며, 과부가 되기 쉬운 상이다.
- 얼굴이 넓으면 대담하고 행동적이며, 좁으면 세심하고 견실하며 지성적이다.
- 얼굴의 좌우가 매우 심하게 다르거나 틀어져 있으면 이중인격자의 상이다.

3. 형태심리학적 이해

형태심리학(形態心理學)은 정신현상을 개개의 감각적 요소의 집합으로 보지 않고 그 자체가 전체로서의 구조나 특질을 가지고 있다고 보는 심리학으로, 얼굴에 형태심리학적 분석을 대입해보면 얼굴의 각 구성요소 가운데 두부(頭部)는 정신적인 것을 지배하고, 이마는 지적인 자아를 나타내며(지적단계), 눈 부분은 풍부한 감정을 호소하고(감성단계) 입과 턱은 의지와 욕망을 심어주는(본능단계) 특징이 있다고 할 수 있다.

〈그림 2-4〉 얼굴 부위의 형태심리학적 분석

따라서 성공적인 메이크업을 위한 얼굴

분석에서는 '표정'을 가진 얼굴, '입체'로써의 얼굴의 특징, 얼굴 전체와 부분과의 관계를 파악하는 얼굴 특징 포착법을 이해하는 것이 무엇보다 중요하다.

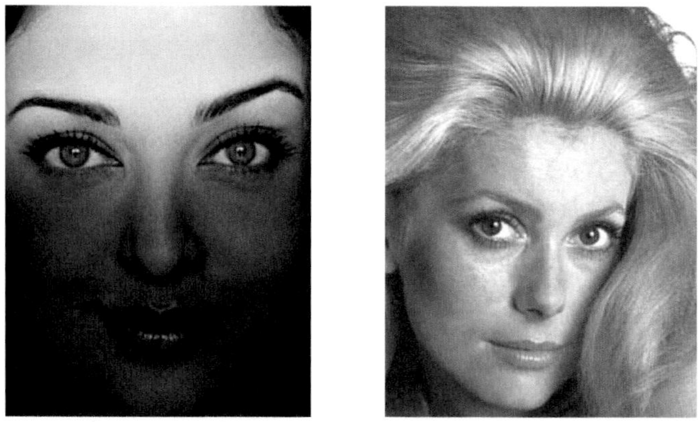

지적단계 : 까뜨린느 드느브(Catherine Deneuve)

감성단계 : 오드리 헵번(Audrey Hepburn)

본능단계 : 마릴린 먼로(Marilyn Monroe)

〈그림 2-5〉 할리우드 배우 얼굴의 형태심리학적 분석

얼굴 부위의 형태에 따른 이미지의 형태심리학적 분석은 〈표 2-2〉와 같다.

〈표 2-2〉 얼굴 각 부분의 형태에 따른 이미지

얼굴 각 부분의 형태		이미지의 예	여성스럽다	부드럽다	귀엽다	고상한	젊어보이는	밝은	활동적임	지적임	어른스러운	이국적인
이마	넓이	넓다			○			○	○	○		○
		좁다	○	○							○	
		직선적				○				○	○	
		곡선적	○	○	○							
눈썹	눈썹산의 높이	높다										○
		낮다		○			○	○				
	눈썹의 농담	짙다					○		○			○
		옅다	○			○					○	
	눈썹의 굵기	굵다					○	○	○			○
		가늘다	○	○		○					○	
	눈썹과 눈썹의 간격	좁다									○	○
		넓다		○	○		○	○				
코	높이	높다								○	○	○
		낮다		○	○							
	길이	길다				○				○	○	○
		짧다			○		○					
눈	외꺼풀/쌍꺼풀	외꺼풀					○					
		쌍꺼풀						○	○			○
	눈꺼풀의 지방	많다		○	○		○					
		적다								○	○	○
볼	지방	많다		○	○		○					
		적다								○	○	○
턱	선	홀쭉하다	○			○				○		○
		각져있다							○			
입술	크기	크다						○	○			○
		작다		○	○	○						
	두께	두텁다							○			
		얇다				○				○		

CHAPTER 03.

메이크업 디자인의 요소

CHAPTER 03.
메이크업 디자인의 요소

1. 메이크업의 형태

메이크업 디자인의 3요소는 형태, 색상, 질감으로, 그 중 형태는 점, 선, 면으로 이루어진다. 메이크업으로 아름다움을 정확하게 표현하기 위해서 가장 중요한 것이 선의 연구이다. 선은 가늘고 굵음에 따라 또 길고 짧음에 따라 그 느낌을 다양하게 표현할 수 있다. 특히 포인트 메이크업에 있어서 선의 이동은 분위기를 완전히 바꿔준다.

1.1. 선의 특징

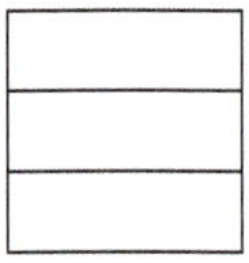

• 수평선은 바닥에 엎드렸을 때의 안도감이 드는 선이다.
조용하고 무난한 느낌이다.

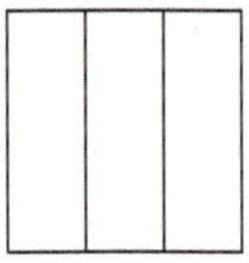

• 같은 직선이나 상승하는 느낌이 더해져 긴장감을 준다.
속도감이 있다.

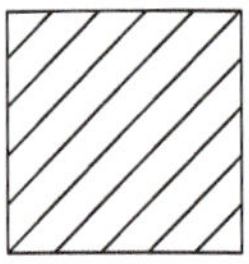

• 사선은 비행기의 하강상태를 느끼게 하는 선으로 약동감이 있다.

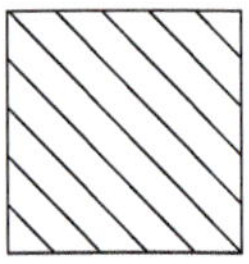

• 불안정한 가운데 활동력이 있는 현대적인 선이다.

• 가장 자연스러운 흐름으로 편안하다.

• 부자연스러운 흐름으로 저항감을 준다.

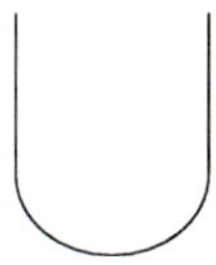

• 일반적인 곡선의 인상은 우아, 경쾌, 온화한 느낌이다.

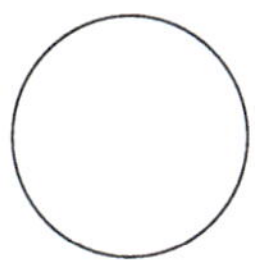

• 같은 곡선이라도 원형은 가장 안정감이 있다.

• 자유곡선은 현대성이 풍부한 느낌을 준다.

1.2. 선에 따른 메이크업 이미지

▶ 선의 방향

가장 자연스럽고 안정감 있는 선을 이용한 메이크업은 일반적으로 눈 화장에 많이 응용된다. 눈 사이가 유난히 좁은 사람은 눈머리에 아이섀도를 약하게 바르고, 눈꼬리 쪽으로 짙게 발라주면 시선이 바깥쪽으로 유도되어 미간이 넓어 보이는 효과가 있다.

전자와 반대의 메이크업 흐름은 자연스러운 눈의 형태를 거슬러 올라가기 때문에 선의 흐름이 눈머리를 향하여 집중되어 동적인 강력함을 나타내고 있다. 따라서 눈 사이가 먼 사람이나 눈꼬리가 올라간 사람에게 잘 어울린다. 특히 눈 사이가 먼 사람은 약간 앞쪽으로 그리고, 눈썹머리를 진하게 그려주면 강한 집중을 나타내기 때문에 더욱 효과적이다.

▸ 선의 종류

〈표 3-1〉 선의 종류와 메이크업 이미지

		직 선	곡 선
전체	그림		
	설명	• 남성적이고 동양적이며 예리함	• 여성적이며 정적인 분위기. 안정감
눈	그림		
	설명	• 직선적인 분위기는 날카롭고 지적인 인상. • 선 자체의 성격을 살리기 위해 아이섀도를 넓게 바르지 않도록 주의.	• 부드러운 자유곡선은 원만함과 여성 스러운 분위기. • 섀도의 면이 경계가 지지 않도록 펴 바름.

전체	그림		
	설명	• 순간적인 급경사로 불안감이 강해 부드럽게 흐르지 못하나 젊음의 활동력을 느끼게 하는 현대적인 선. • 건형선(선과 선이 만나서 각을 이루는 것)은 부분적인 강조 효과.	• 기하곡선은 가장 친밀한 느낌. • 귀여우면서도 우아한 분위기.
눈	그림		
	설명	• 치크 메이크업은 전체적인 분위기를 가장 많이 좌우. • 하향하는 사선의 치크 메이크업은 활동적이고 적극적인 분위기 연출.	• 볼 뼈 위의 곡선은 사랑스럽고 화사한 느낌.

2. 메이크업의 색상

2.1. 색의 특징

색은 물체에 빛이 비추어 반사, 투과, 흡수될 때 빛이 눈에 들어와 시신경을 자극하고 뇌의 시각중추에 전달됨으로써 색지각을 할 수 있다.

색은 물체를 구별하고 정의하는데 도움을 주며 형태와 크기를 변화시키는 착각을 통해 일상생활에 많은 영향을 미친다.

1) 색의 분류

색은 물체에 닿은 빛이 거의 모두 반사하여 나타나는 화이트, 거의 모두 흡수되어 나타나는 블랙, 여기에 그레이를 포함한 무채색(achromatic color)과 무채색 이외의 색상을 가진 모든 색을 유채색(chromatic color)이라 한다.

(1) 무채색

무채색이란 화이트와 여러 단계의 그레이, 블랙을 말한다.

반사율이 약 85%인 경우가 화이트이고, 약 3% 정도가 검정색이다. 무채색은 밝고 어두운 정도의 차이를 나타내는 것으로 명도는 있으나 색상, 채도의 속성은 없다.

(2) 유채색

유채색이란 무채색을 제외한 색감을 갖고 있는 모든 색을 말한다. 유채색은 색상과 명도, 채도의 속성을 모두 갖는다.

2) 색의 3속성

(1) 색상

색상(Hue)이란 레드(Red), 옐로(Yellow), 그린(Green), 블루(Blue), 퍼플(Purple) 등과 같은 색기미를 말하는 것으로, 색을 구별하기 위한 명칭이다. 색상은 유채색에만 있으며 유채색을 순환적으로 배열한 것이 색상환이다. 색상환에서 인근에 있는 색을 유사색, 정반대쪽에 있는 색을 보색이라고 한다.

(2) 명도

명도란 명암(明暗), 즉 색의 밝고 어두운 정도를 말하며 빛을 반사하는 양의 많고 적음을 나타내는 것이다. 밝은색은 명도가 높다고 하여 고명도의 색, 어두운색은 명도가 낮다고 하여 저명도의 색, 중간정도 밝은색을 중명도의 색이라고 한다.

〈그림 3-1〉 명도

(3) 채도

채도란 청탁(淸濁), 즉 색의 맑고 탁한 정도를 말하는데 이를 색의 순도(純度)라고도 한다. 채도는 무채색의 함유량에 의해 결정되는데 채도가 가장 높은 색, 즉 무채색이 함유되지 않은 색기운이 가장 강한 색을 순색이라고 한다. 색상의 순색에는 무채색의 함량이 많을수록 채도가 낮아지고 무채색의 함량이 적을수록 채도가 높아진다.

3) 먼셀의 색상환

미국의 화가 먼셀(Albert H. Munsell, 1858-1918)에 의해 1905년 창안된 먼셀의 색상환은 우리나라를 비롯한 전 세계에서 널리 사용되고 있다.

먼셀 색상은 레드(Red), 옐로(Yellow), 그린(Green), 블루(Blue), 퍼플(Purple)의 머리글자인 R·Y·G·B·P의 다섯 가지를 기본으로 하고, 이것이 다시 10등분되어 100가지 색상으로 분할된다. 명도는 무채색을 기준으로 해서 블랙을 0, 화이트를 10으로 하고, 그 사이 밝음의 단계를 10%씩 되도록 분할해서 나타낸다. 채도는 색상, 명도가 일정한 배열에 있어서 각 단계마다 동일한 무채색의 함량의 다소에 의한 순도의 증가에 따라 번호가 증가하도록 설정된다. 즉 고명도일 수록 채도의 번호가 높다.

먼셀 색상환〈그림 3-2〉의 특징은 색의 3속성인 색상, 명도, 채도를 3차원적인 공간에

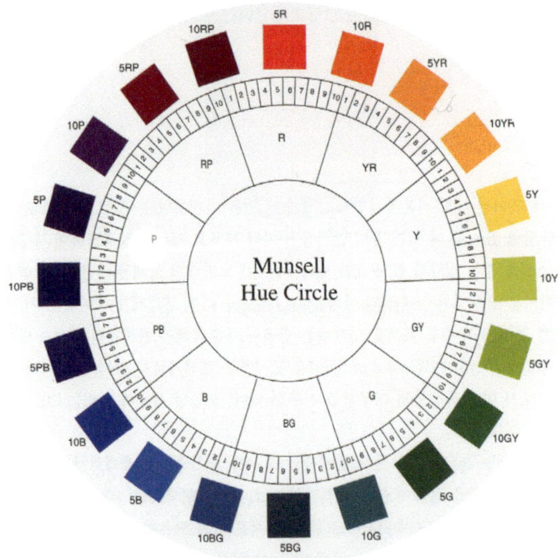

〈그림 3-2〉 먼셀의 색상환

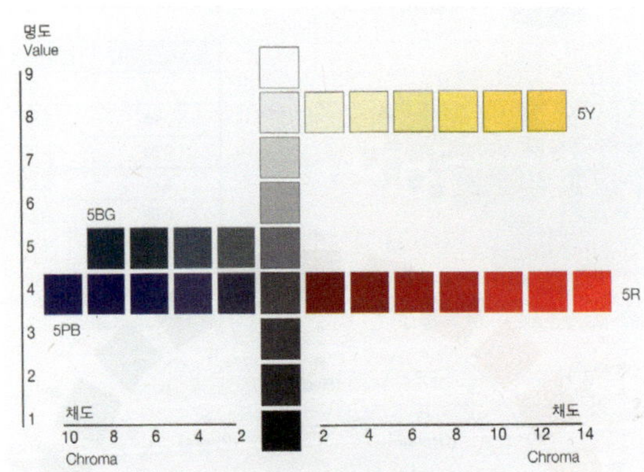

〈그림 3-3〉 명도와 채도

〈그림 3-4〉 색입체

시각적으로 고른 색채 단계가 되도록 하고, 세로축에는 명도, 주위의 원주 상에는 색상, 중심의 가로축에서 방사상으로 늘이는 축은 채도로 구성된 것이다〈그림 3-3〉. 이와 같은 계통적인 배열을 색입체〈그림 3-4〉라고 한다.

〈그림 3-5〉는 먼셀의 색상환을 기본으로 하여 피부톤과 메이크업 컬러의 조화를 보여주는 것이다. 핑크(Pink) 계열의 피부톤은 레드(R), 레드 퍼플(RP), 퍼플(P), 퍼플 블루(PB), 블루(B), 블루 그린(BG)과 잘 어울리며, 오커(Ocher) 계열의 피부톤은 레드(P), 옐로 레드(YR), 옐로(Y), 그린 옐로(GY), 그린(G), 블루 그린(BG)과 잘 어울린다. 따라서 피부톤에 맞는 메이크업 컬러 선택은 아름다운 메이크업을 완성시키므로 모델의 피부톤에 대한 정확한 진단이 요구되며 컬러에 대한 지식과 감각을 습득하는 것이 중요하다.

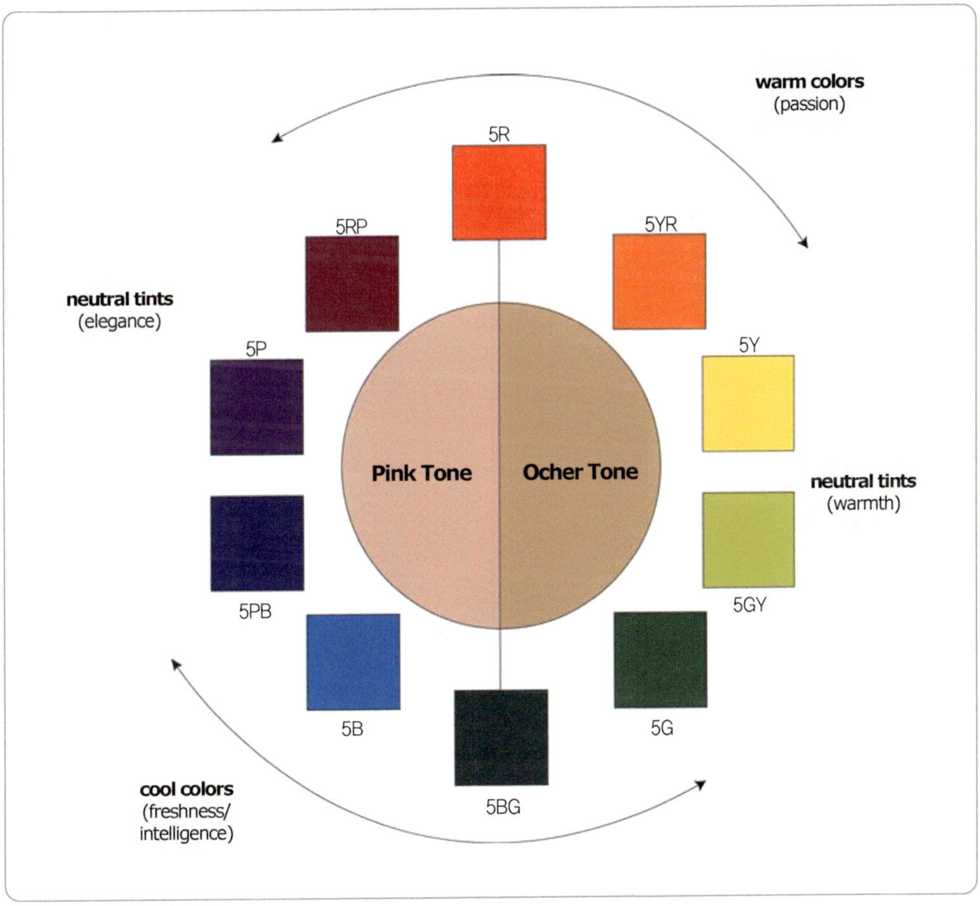

〈그림 3-5〉 피부톤과 메이크업 컬러의 조화

2) 색의 이미지

색은 따뜻함과 차가움의 느낌에 따라 난색, 한색, 중성색으로 나뉜다. 난색에는 레드, 오렌지, 옐로 계열이 속하고, 한색에는 블루 계열이, 중성색에는 그린, 퍼플, 바이올렛 계열이 속한다. 중성색은 난색과 함께 조화될 때는 따뜻한 느낌이 나고, 한색과 조화될 때는 차가운 느낌이 난다.

이처럼 우리가 일상에서 경험하는 색은 배경색이나 인접한 색의 영향으로 본래 색과는 다르게 느껴지는 상대성이 존재한다. 가장 흔한 색상 대비에는 보색 대비와 유사색 대비가 있다. 보색 대비는 보색 관계에 있는 두 색상이 서로의 영향으로 인하여 채도차가 더 높게 보이는 현상으로, 보색 배색의 경우 대담하고 쾌활하며 활동적인 이미지를 준다. 유사색 대비는 두 색이 인접색, 또는 동색계열로 대비되었을 때 색의 경계부분에서 옆에 있는 색의 영향을 받아 명도가 높은색과 접하고 있는 부분은 어둡게 보이고, 반대로 명도가 낮은색과 접하고 있는 부분은 그림자처럼 명도가 낮아져 보이는 것이다. 유사색 배색의 경우 이미지가 부드럽고 여성적이며 무난해 보인다〈그림 3-6〉.

〈그림 3-6〉 보색 대비 / 유사색 대비

〈표3-2〉는 색의 이미지를, 〈표 3-3〉은 색의 3속성에 따른 감정의 성질을 정리한 것이다.

〈표 3-2〉 색의 이미지

농담		계열			대비	
짙음	연함	난색	한색	중성색	유사색	보색
강한 느낌	순하고 부드러운 느낌	따뜻함 동적 젊음 양기 쾌활함 발랄함	차가움 지적 정적 냉철함 샤프함 엘레강스	따뜻하거나 차갑지 않음.	친화색/동색계 무난함 대중적 중년층 여성적 부드러움	반대색 동적 대담함 쾌활함 활발함
		레드 옐로우 오렌지 브라운 카키 골드	블루 쿨 핑크	퍼플 바이올렛	옐로우+오렌지 커피+브라운 그린+카키	오렌지+블루 옐로우+블루 레드+그린

〈표 3-3〉 색의 감정

속 성	종 별	이미지	색의 예	감정
색상	난 색	따뜻함	레드(R)	격정, 화남, 환희, 활력적 흥분
		적극적	오렌지(O)	기쁨, 신명, 활발, 원기
		활동적	옐로(Y)	쾌활, 명랑, 유쾌, 활동적 원기
	한 색	차가움	블루그린(BG)	안식, 시원, 우울
		소극적	그린(G)	차분, 외로움, 비애, 심원, 침정
		침정적	퍼플그린(PB)	신비, 숭고, 고독
	중성색	중용, 평정	그린(G)	안락, 편함, 평정, 젊음
		평범	퍼플(P)	엄숙, 정숙, 신비, 불안, 다정
명도	명	양기, 명랑	화이트(W)	순수, 맑음
	중	차분	그레이(G)	차분, 억울
	암	음기, 중후	블랙(B)	음울, 불안, 위엄
채도	고	시선, 발랄	오렌지(O)	열렬, 격함, 정열
	중	편안, 온화	핑크(Pink)	사랑스러움, 다정
	저	떫음, 차분	바이올렛(V)	차분

2.2. 향장품의 색재

색조 향장품에는 색재(色材)가 배합되어 있어서 피부를 채색하고 메이크업의 피복력을 더해주어 얼굴을 아름답게 보이게 한다.

향장품의 색재는 크게 유기합성색소, 무기안료(Inorganic pigment), 천연색소(natural coloring matter)로 나눌 수 있으며 합성기술이 발달함에 따라 진주광택안료와 고분자분체, 기능성안료가 광범위하게 이용되고 있다. 향장품에 사용되는 색소는 안전성이 보장된 것이어야 한다.

유기합성색소는 염료(dye), 레이크(lake), 유기안료(organic pigment)로 나눌 수 있다. 염료는 물 또는 기름에 용해시켜 색상을 내는 것으로, 물에 녹는 수용성 염료와 기름에 녹는 유용성 염료가 있다. 레이크는 물에 녹는 염료를 금속염과 반응시켜 용제에 녹지 않는 물질로 만든 안료로 안정성은 그리 크지 않으나 색을 더 찬란하게 해 준다.

안료(pigment)는 물체에 색을 입힐 수 있는 색소로, 물이나 기름, 알코올 등에 녹지 않는다. 광물성에서 나오며 메이크업의 파우더 류에 쓰인다. 유기안료는 무기안료에 비해 색상이 선명하고, 발색력이 크며 임의의 색조를 얻을 수 있지만, 내광성, 내열성이 떨어지고 유기 용지에 녹아서 색이 번질 수 있다. 무기안료는 천연 광물성 안료라 할 수 있고, 유기안료에 비해 내후성, 내약품성, 내강성이 우수하나 색상이 다소 칙칙하다. 무기안료는 착색안료, 체질안료, 백색안료로 나뉘는데, 착색안료는 색을 부여하는 안료이고, 체질안료는 양을 늘리거나 농도를 묽게 하기 위하여 다른 안료에 배합하는 무채색의 안료로 착색안료이외에 메이크업 제품에 가장 많이 들어가는 것이다. 마이카(Mica, 운모), 탈크(Talc, 활석), 카올린(Kaoline, 고령토) 등이 여기에 속한다. 백색안료는 흰색으로 만들기 위해 사용하거나, 유색안료와 섞어서 색조를 바꾸거나 은폐력을 주기 위해 사용하는 안료로 안료 중에서 생산량이 가장 많다. 산화타이타늄, 아연화(亞鉛華, 산화아연), 리토폰(lithopone), 연백(鉛白) 등이 있다.

천연색소는 동식물의 생체에서 얻어지는 색소로, 물과 에탄올에 용해되지 않고 유지에 용해된다. 화장품에 사용되는 천연색소는 β-카로틴, 치자, 코치닐(Cochineal) 등 다양하며 연구가 활발히 진행되고 있다.

이외에 향장품 색재에는 펄감을 내는 진주광택안료, 유기화합물인 고분자분체, 피지분비에 의해 흐트러짐을 막아준다거나 투명한 화장 표현을 위한 기능성 안료가 사용된다.

〈표 3-4〉 향장품의 색재

종류			설명
유기 합성 색소	염료	수용성	• 주로 메이크업 기초제품에서 물에 용해시켜 색상을 내는 것. 예) 로션 등
		유용성	• 물에 용해되지 않고 기름에 녹는 것. 예) 바디오일이나 선탠오일 등
	레이크		• 염료가 녹여서 색상을 내는 것이라면 레이크는 녹지 않는 것으로 만듦(난용성, 금속 처리 등). • 안료와 구분이 안됨.
	유기안료		• 물, 기름, 알코올에 녹지 않는 천연 광물성 안료. • 내후성, 내약품성, 내강성 우수하나 색은 다소 칙칙함.
무기 안료	착색안료		• 색상을 부여하는 안료
	체질안료		• 착색안료이외 메이크업 제품에 가장 많이 들어가는 안료. 예) 마이카, 탈크, 카올린 등
	백색안료		• 색상을 띠지만 흰색을 나타낸다. 예) 산화타이타늄, 아연화, 리토폰, 연백 등
천연색소			• β–카로틴, 치자, 코치닐(Cochineal) 등
진주광택안료			• 펄(pearl)
고분자 분체			• 유기화합물. 흰색의 파우더.
기능성 안료			• 색소가 있기는 하나 색소로 보기는 어려움. 예) 피지분비에 의해 흐트러짐을 막아준다거나 투명한 화장 표현.

2.3. 메이크업 색상과 이미지

메이크업은 색상에 따라 확실하게 다른 느낌을 준다. 메이크업 색상톤은 크게 웜 톤(Warm Tone)과 쿨 톤(Cool Tone)으로 나눌 수 있다. 웜 톤의 메이크업은 아이보리, 베이지 계열의 파운데이션, 브라운, 카키, 오렌지, 옐로우 계열의 아이섀도, 브라운 컬러의 아이브로우, 오렌지, 코럴, 브라운 계열의 립 메이크업과 치크 메이크업으로 완성된다. 또한 쿨 톤의 메이크업은 핑크 계열의 파운데이션, 블루, 핑크, 바이올렛, 와인 톤의 아이섀도, 그레이 블랙 톤의 아이브로우, 핑크, 바이올렛, 와인 계열의 립 메이크업과 치크 메이크업으로 완성된다.

〈표 3-5〉 메이크업의 색상톤

	따뜻함(Warm Tone)	차가움(Cool Tone)
베이스	아이보리, 베이지 계열의 파운데이션	핑크 계열의 파운데이션
아이섀도	옐로우, 오렌지, 브라운, 카키	블루, 핑크, 바이올렛, 와인 톤
아이브로우	브라운	그레이 블랙 톤
립	오렌지, 코럴, 브라운 계열	핑크, 바이올렛, 와인 계열
치크	오렌지, 코럴, 브라운 계열	핑크, 와인 계열

- 블루는 하늘과 바다의 색상으로 시원함, 차가움, 상쾌함, 지적인 이미지를 느끼게 한다. 따라서 블루 계열의 아이섀도는 시원하고 밝은 눈매, 지적인 눈매로 보일 수 있다.
- 퍼플 컬러는 고귀하고 위엄을 나타내는 색으로 우아함, 기품, 매혹의 이미지를 주므로 퍼플 아이섀도는 침착하고 우아한 눈매를 표현할 수 있다.
- 오렌지 계열은 태양의 광선과 뜨거움을 나타내 스포티하고 명랑한 이미지를 가진 색으로 젊어 보인다.
- 밝은 핑크는 달콤하고 귀여운 이미지를 느끼게 해주며 붉은 색은 생명, 활력을 준다.

〈그림 3-7〉 메이크업 색상과 이미지

2.4. 빛과 메이크업 색상의 관계

메이크업을 할 때는 피부색이나 얼굴 생김새, 성격 등을 고려하면서 색을 선택하고, 표현의 세기나 표정 등을 조절하여 개성을 살리면서 본인이 만족하여 기분 좋게 행동할 수 있는 메이크업을 실시해야 한다. 또한 T.P.O(Time, Place, Occassion)를 고려하여 외출할 곳의 상황이나 그 곳에서 행할 역할에 알맞은 메이크업을 해야 한다. 가장 문제가 되는 것은 그 장소의 광원의 종류이다. 일상생활에서 마주치는 대표적인 빛에는 자연의 빛인 태양, 인공의 빛인 형광등, 백열등이 있다.

1) 빛의 특성

▸ 태양광

태양광에서는 파장이 다른 여러 가지 광선이 포함되어 있는데, 우리 눈에 보이는 광선을 가시광선이라 한다. 각 파장의 광선에는 색이 붙어 있어 보라색, 남색, 청색, 녹색, 노랑색, 주황색, 적색의 7가지 색으로 대표된다. 낮의 태양광에서는 모든 파장의 광선이 포함되어 있기 때문에 색을 느낄 수 없다.

▸ 형광등

형광등은 태양광에 비하면 파장에 의해 광선의 세기가 균일하지 않으며, 특히 청에서 녹의 파장 부분의 광선이 강하게 되어 있다. 형광등을 직접 보면, 창백하게 보이는 것은 이 때문이다. 광선의 함유 방법이 균일하지 않으므로 형광등 아래에서는 태양빛 아래에서 보는 것과 색이나 이미지가 다르게 된다. 형광등 아래에서 색이 칙칙하게 보이거나, 안색이 나쁘게 보이는 것은 이 때문이다. 사무실이나 주택 등 우리의 생활공간 속에서 형광등이 차지하는 비율은 매우 높아 일상적인 빛으로 받아들여지고 있다.

▸ 백열등

백열등은 적색 광선으로 갈수록 세기가 커진다. 그 때문에 낮의 태양빛에 비하면 백열등 아래에서는 붉은 빛이 강하게 느껴져 마치 저녁노을 속에 있는 듯한 상태이다. 백열등은 따뜻하고 온화한 분위기를 연출하는 경우에 사용되는 일이 많아 호텔의 라운지나 홀, 결혼식장, 레스토랑, 주택의 거실 등에서 많이 사용되고 있다.

2) 빛에 따른 색지각차

태양광 아래에서는 어느 색이나 자연스럽게 보이지만, 형광등이나 백열등 아래에서는 색이 변해 보인다.

〈그림 3-8〉 태양광

〈그림 3-9〉 형광등

〈그림 3-10〉 백열등

〈표 3-6〉 빛에 따른 피부색과 메이크업의 색지각차

광 원		색지각차
태양광		• 어느 색이나 자연스럽게 보인다.
형광등		• 피부의 노란색이 강하게 보인다. • 피부가 칙칙해 보인다. • 건강하지 않게 보인다. • 포인트 메이크업 색이 약간 칙칙해 보인다.
백열등		• 피부색이 약간 어둡게 보인다. • 포인트 메이크업 색이 약해 보인다. • 붉은 색이 강하게 보인다. • 푸른빛이 강한 색은 칙칙하게 보여 뉘앙스가 바뀐다.

〈표 3-7〉 빛에 따른 아이섀도 컬러의 색지각차

색상계열	태양광	형광등	백열등
바이올렛계 (Violet)			
레드계 (Red)			
브라운계 (Brown)			

〈표 3-8〉 빛에 따른 립 컬러의 색지각차

색상계열	태양광	형광등	백열등
로즈계 (Rose)		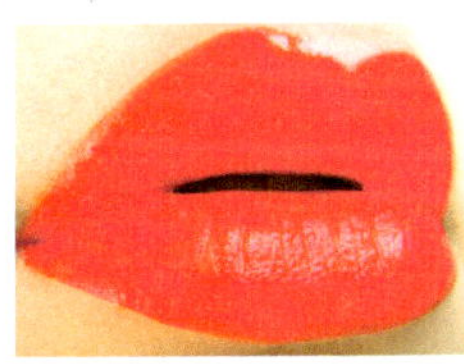	
오렌지계 (Orange)	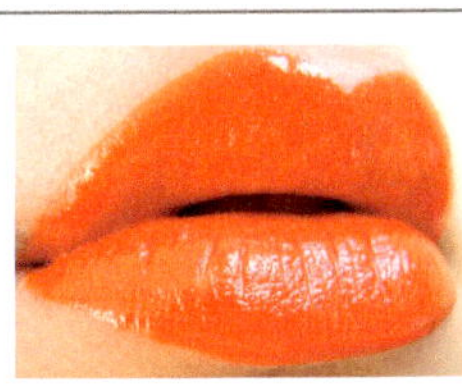	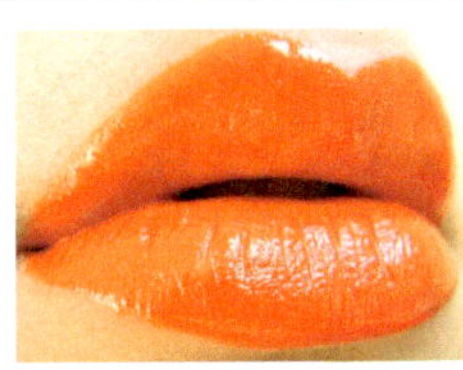	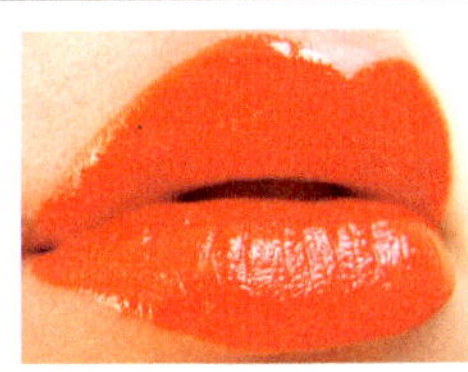
브라운계 (Brown)	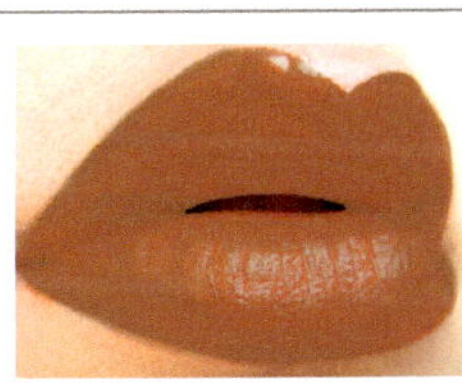	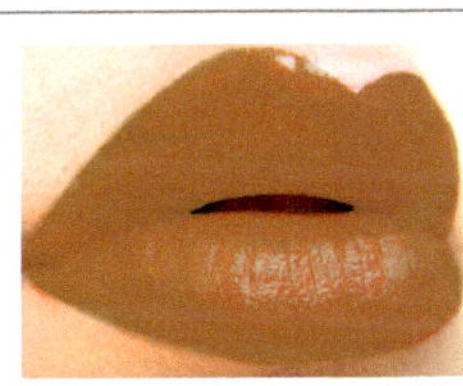	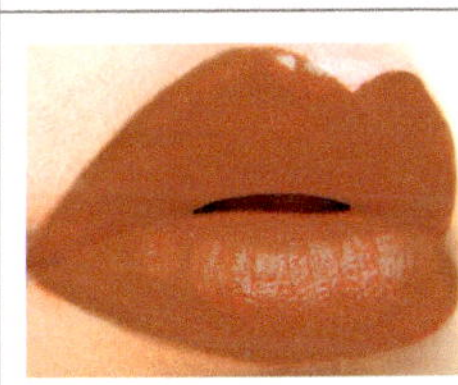

3) 빛의 특징에 따른 메이크업 테크닉

▸ 태양광

태양광에서는 모든 색이 자연스럽게 선명히 보이지만 '너무 보이기' 때문에 문제가 일어나는 일도 있다. 태양광이 들지 않는 인공조명의 실내에서 메이크업을 하면, 색이 정확히 보이지 않기 때문에 파운데이션이나 아이컬러를 짙게 바르기 쉽고, 그 상태에서 밖으로 나가면 피부색이 하얗게 떠 있거나 화장이 짙은 경우가 있다.

메이크업은 가능한 한 태양광이 들어오는 밝은 장소에서 하는 것이 좋다. 여의치 않을 경우 마무리는 반드시 밝은 곳에서 체크하도록 한다.

▸ 형광등

피부가 누렇고 칙칙하여 건강하지 않게 보이는 것을 막고 생생하게 보이기 위해 블러셔로 볼에 자연스런 붉은 빛을 플러스한다. 밝은 페이스 파우더나 컨트롤 컬러를 사용하여 피부를 밝고 입체적으로 마무리 한다. 포인트 메이크업 색채에 주의하여 오렌지나 브라운 계열 중에서도 노란빛이 강한 것과 채도가 낮은 색조를 피한다.

▸ 백열등

피부가 약간 어둡게 보이는 것을 막기 위해 파운데이션 색상을 두 가지 사용하여 얼굴의 중앙을 밝게 보이도록 한다. 밝은 페이스 파우더나 컨트롤 컬러로 피부를 밝고 입체적으로 마무리한다.

포인트 메이크업이 눈에 띄지 않아 인상이 흐릿하게 보이는 것을 막기 위해 아이브로우를 평소보다 조금 또렷하게 그리고 마스카라와 아이라이너를 사용하여 눈매의 인상을 돋보이게 한다. 블루, 그린 등 붉은 기를 포함하지 않은 아이섀도색은 칙칙해 보이므로 주의한다. 립컬러는 레드계열을 사용하면 빨강이 깨끗하게 나타나서 효과적으로 빛난다. 립 펜슬을 이용하여 윤곽선을 그리면 더욱 좋다. 핑크, 로즈, 바이올렛 등의 청색과 적색 성분을 갖는 색조는 푸른빛이 약해지고, 붉은 빛이 강하게 느껴지므로 확인이 필요하다.

2.5. 얼굴색과 메이크업 색상의 관계

얼굴색은 메이크업의 색채는 물론, 조명이나 배경색 등 여러 가지 환경 요인, 옷의 색상, 옷의 모양, 얼굴 생김새, 머리 모양 등의 영향을 받아 복잡하게 변화한다. 이와 같은 상황 속에서 여성은 얼굴색을 아름답고 인상 좋게 보이길 원한다.

메이크업에 의한 자기 연출은 T.P.O에 대응시켜 다양하지만 여기서는 메이크업의 기본 아이템인 얼굴색과 립컬러의 관계에 대해 기술하였다.

1) 얼굴색과 립 컬러의 관계

얼굴색에는 여러 가지 분류 방법을 생각할 수 있다. 일상적인 얼굴색을 느끼는 방법에 따라 크게 아래 4가지로 분류하면 다음과 같다.

- 타입1 : 흰 살갗 또는 기미가 눈에 띄지 않는 사람.
- 타입2 : 극히 보통인 사람.
- 타입3 : 검은 살갗 또는 기미가 눈에 띄는 사람.
- 타입4 : 피부의 붉은 기가 눈에 띄는 사람.

립스틱의 색조는 시판되고 있는 주요 메이커의 색 영역을 확인한 색계통과 톤에 의해 아래와 같이 분류하고, 이 중 22색을 사용하여 실험하였다.

- 색 계열 : 브라운계(BR), 오렌지계(OR), 레드계(RD), 로즈계(RS), 핑크계(PK), 바이올렛(VI)
- 톤(색조) : 페일(P), 모데라토(M), 비비드(V), 딥(Dp), 그레이시(Gry)

이와 같이 분류한 얼굴색 타입과 립 컬러의 관계에 있어서 「얼굴색이 깨끗하게 보이는가?」를 평가한 결과를 정리한 표는 다음과 같다.

〈표 3-9〉 얼굴색 타입1과 립 컬러의 관계

	VI	PK	RS	RD	OR	BR
P	△	×	○	○	×	×
M	○	○	○	○	×	×
V	○	○	○	◎	×	×
Dp			○	◎		
Gr				×		

〈표 3-10〉 얼굴색 타입2와 립 컬러의 관계

	VI	PK	RS	RD	OR	BR
P	×	×	△	△	×	×
M	△	△	○	○	×	×
V		△	○	◎	×	×
Dp			×	◎		
Gr				×		

〈표 3-11〉 얼굴색 타입3과 립 컬러의 관계

	VI	PK	RS	RD	OR	BR
P	×	×	×	△	×	×
M	△	×	△	○	×	×
V	△	×	○	◎	×	×
Dp			×	○		
Gr				×		

〈표 3-12〉 얼굴색 타입4와 립 컬러의 관계

	VI	PK	RS	RD	OR	BR
P	×	×	△	△	×	×
M	○	△	○	×	×	×
V	○	○	◎	×	×	×
Dp			○	○		
Gr				×		

◎ : 얼굴색이 매우 깨끗하게 보인다. ○ : 얼굴색이 깨끗하게 보인다.
△ : 얼굴색이 보통으로 보인다. × : 얼굴색이 깨끗하게 보이지 않는다.

얼굴색을 아름답게 보이게 하는 립 컬러의 색조는 피부색 타입에 따라 다른 것이 확실하다. 또한 각 얼굴색 타입에 공통되는 경향으로서, 오렌지계와 브라운계에 대한 평가가 낮으며, 그 원인의 하나로 얼굴색과 립컬러의 대비를 생각할 수 있다. 피부색에 가까운 색의 립컬러는 종합적으로 낮은 평가 결과가 나왔다. 이것은 립의 컬러 효과로서 피부색의 외양에 영향을 주려면 얼굴색과 어느 정도 대비가 필요하다는 것을 의미한다.

3. 메이크업의 질감

질감이란 재질에서 받는 느낌을 의미하는 것으로, 시각적 질감과 촉각적 질감으로 분류된다. 시각적 질감은 눈으로 볼 수 있는 감각이고 촉각적 질감은 손으로 느껴지는 감각을 의미한다. 메이크업에서의 시각적 질감은 매트(Mat), 글로시(Glossy), 펄(Pearl)감으로 나눌 수 있으며, 촉각적 질감은 파우더리(Powdery), 워터리(Watery)와 오일리(Oily), 크리미(Creamy)로 나눌 수 있다.

3.1. 시각적 질감

1) 매트

매트는 표면과 빛깔 등이 번들거리지 않는 광택이 없는 상태로, 수분기와 유분기를 제거하여 파우더리(Powdery)하고 건조한 무광 질감을 의미한다.

매트한 베이스 메이크업은 완벽한 파우더 사용을 통해 완성되며 포인트 메이크업의 경우 아이섀도는 펄이 없는 제품을 사용하고, 립글로스는 사용하지 않는다.

매트한 메이크업은 피부가 깨끗하게 정돈된 느낌이 들고 메이크업의 지속력이 우수한 것이 장점이지만, 피부가 건조해지고 주름이 더 강조되는 단점이 있다〈그림 3-11〉.

〈그림 3-11〉 매트

2) 글로시

글로시는 빛의 반사에 의해 표현되는 유광 질감으로, 번들거리는 표면의 광택, 윤기를 의미한다. 이는 피부의 촉촉함에 의해 나타난다고 할 수 있다.

수분기와 유분기가 남아있는 질감인 피부의 촉촉함은 모이스춰라이징 베이스와 리퀴드 파운데이션을 사용하고 파우더 처리를 자제함으로써 얼굴 표면에 촉촉함과 광택을 부여할 수 있다. 또한 립글로스를 사용하여 윤기가 흐르는 건강한 입술을 표현할 수 있다. 최근 메이크업 경향인 물광, 윤광 메이크업이 바로 글로시 메이크업이다.

〈그림 3-12〉 글로시

글로시 메이크업은 피부 표면이 매끈하고 건강해 보이는 장점이 있으나 메이크업의 지속력이 떨어지는 단점이 있다〈그림 3-12〉.

3) 펄

진주빛의 펄감은 화장품의 반짝이는 입자가 빛을 반사하여 나타나는 질감으로, 펄 메이크업 베이스, 펄 파운데이션, 펄 파우더를 사용하여 피부의 반짝임을 표현할 수 있다.

펄 입자의 크기에 따라 펄(Pearl), 쉬머(Shimmer), 글리터(Glitter)로 나뉘는데 펄은 반짝이는 입자가 눈에 보이는 상태인 반면, 쉬머는 펄을 곱게 갈아 입자가 눈에 보이지 않는 상태로 펄 보다 더 은은한 반짝임을 나타낸다. 글리터(Glitter)는 고체상의 굵은 반짝이가 든 제품으로 펄이나 쉬머에 비교해 반짝이는 입자가 크다. 글리터는 크림 아이 섀도나 매니큐어에 많이 적용되는데 반짝이는 물질의 형태를 볼 수 있을 정도이다. 홀로그램 3D 글리터가 들어간 립스틱의 경우 무지개처럼 변하는 튀는 컬러의 입술을 연출할 수 있다.

〈그림 3-13〉 펄

포인트 메이크업의 경우 펄 아이섀도를 사용하고, 립글로스로 입술에 반짝임을 표현한다〈그림 3-13〉.

3.2. 촉각적 질감

1) 파우더리

파우더리(Powdery)는 가루분에 의한 보송보송한 질감을 의미하는 것으로, 수분이 없어 시각적으로 매트한 메이크업을 표현할 수 있다.

제품으로는 페이스 파우더, 아이섀도 파우더 타입과 케이크 타입, 블러셔가 파우더리 질감에 해당된다〈그림 3-14〉.

〈그림 3-14〉 파우더리

2) 워터리 & 오일리

워터리(Watery)는 수분에 의한 촉촉함, 오일리(Oily)는 유분에 의한 매끄러움을 의미하는 저농도 제품의 질감으로, 메이크업 시술 시 빛의 반사에 의해 시각적으로 글로시한 피부를 표현할 수 있다.

사용감이 가볍고 촉촉해서 피부에 부담을 주지 않고 건강한 피부를 표현할 수 있다. 특히 워터리 제품의 경우 투명하고 자연스러운 메이크업 시술이 가능하다.

〈그림 3-13〉 펄

기초화장품의 로션 타입, 오일 타입, 미용수(Mist), 리퀴드 파운데이션, 립글로스 등이 워터리 & 오일리 질감에 해당된다〈그림 3-15〉.

3) 크리미

크리미(Creamy)는 유분의 함량이 많고, 워터리 & 오일리 제품에 비해 고농도 제품의 질감을 의미한다.

크림 파운데이션의 경우 리퀴드 파운데이션에 비해 피부의 커버력이 좋고, 크림 아이섀도, 크림 블러셔는 색을 강하게 표현할 수 있는 장점이 있다. 그러나 파우더로 마무리하지 않으면 제품에 유분이 많아 화장이 쉽게 지워지는 단점이 있다.

〈그림 3-16〉 크리미

마사지 크림, 영양 크림 등도 이 질감에 속한다〈그림 3-16〉.

CHAPTER 04.
눈의 착각과 메이크업 테크닉

CHAPTER 04.
눈의 착각과 메이크업 테크닉

1. 색의 착각과 메이크업 테크닉

우리들의 눈은 바르게 보고 있는 것 같으나 주위의 영향으로 잘못 받아들이는 일도 많이 있다. 예를 들면, 심리적인 영향을 받는다든가, 색에 의해 면적을 바르게 느끼지 못하는 일도 있다. 이러한 눈의 착각하는 성질을 메이크업 기술에 응용하면 대단한 효과를 얻을 수 있다.

1.1. 색의 착각

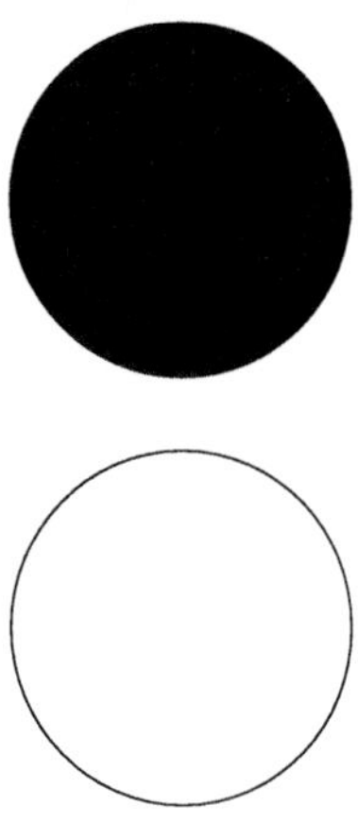

검은색과 흰색의 원은 같은 크기이나 검은색의 원은 작아 보이고, 흰색의 원은 커 보인다. 이처럼 색의 밝음, 선명함의 차이에 따라 다르게 느껴진다. 크게 보이는 색을 팽창색, 반대로 작게 보이는 색을 수축색이라고 한다. 이 색의 착각은 메이크업에 기본으로 응용되는 방법이다. 얼굴의 윤곽을 풍부하게 보이고 싶은 곳은 팽창색인 밝은 색을 사용하고, 반대로 얼굴의 윤곽을 또렷하고 확실하게 보여 주고 싶은 곳은 수축색인 어두운 색을 사용한다. 이처럼 피부표현을 할 때 베이스 컬러를 2색 이상 사용하여 얼굴형을 아름답게 표현할 수 있다. 이 외에도 색의 착각을 이용한 메이크업은 볼연지, 노즈 섀도, 립스틱 등이 있다.

1.2. 색의 착각과 베이스

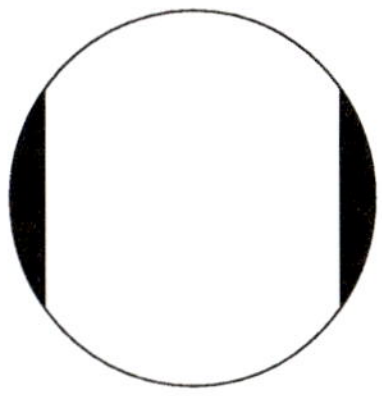

▸ **수축색 (어두운색)**

풍부하고 둥근 느낌이 있는 얼굴에 이용하면 좋다.
두드러지지 않게 표현할 부위에 어두운색을 사용한다.

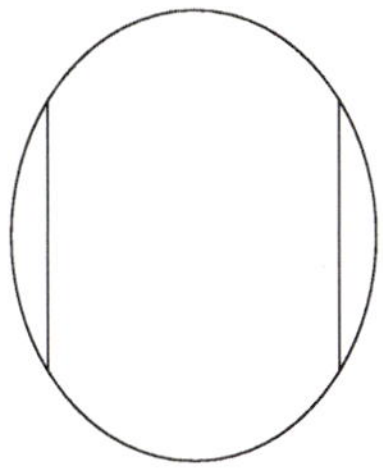

▸ **팽창색 (밝은색)**

긴 얼굴에 응용하면 풍부하고 온화한 감이 있다.
강조하고 싶은 부위에 밝은색을 사용하면 효과적이다.

2. 선의 착각과 메이크업 테크닉

2.1. 선의 착각

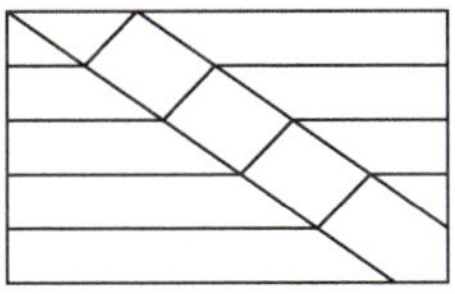

▸ 가로선에 그은 선은 바르게 연결되어 있다. 그러나 한가운데 있는 사선 때문에 정신이 산란해 보이고 수평의 평행선이 기준의 위치에서 벗어나 보인다.

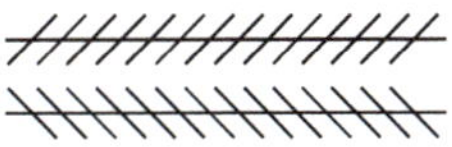

▸ 똑같은 2개의 가로선에 사선을 넣은 것으로 사선에 의해서 바르게 평행선이 보이지 않는다.

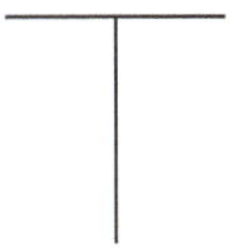

▸ 가로선과 세로선은 같은 길이이지만 가로 중앙에 있는 세로선에 의해 이등분되어 가로선이 짧아 보인다.

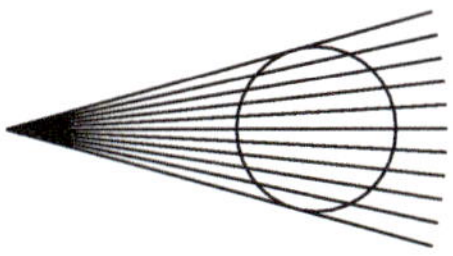

▸ 방사선 가운데 있는 원은 정상적인 원이지만 방사선 때문에 비뚤어져 보인다.

2.2. 선의 착각과 눈썹

▶ 눈썹 산이 낮은 눈썹으로 얼굴 폭이 넓어 보인다. 이와같이 가로 선은 좌우의 방향을 가리켜 가로 폭을 느끼게 하므로 눈썹 산이 낮은 눈썹을 그리는 경우는 얼굴 폭은 넓게 보이나 부드러운 느낌을 준다.

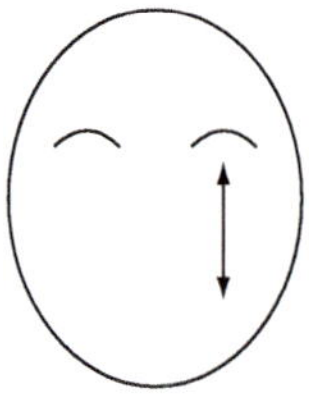

▶ 눈썹 산이 높은 눈썹으로 세로 선이 상하의 방향을 가리켜 눈썹 산으로부터 턱 선까지의 길이를 느끼게 하기 때문에 얼굴을 길어 보이게 한다.

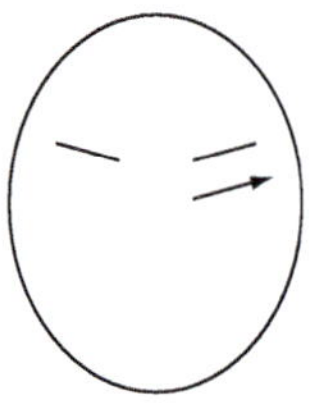

▶ 눈썹 산이 올라간 눈썹으로 볼이 홀쭉해 보인다. 선의 흐름이 사선으로 올라가 있기 때문에 볼 선은 올라간 느낌을 준다. 그러므로 눈썹 꼬리가 올라간 눈썹은 볼이 확실하게 보인다.

2.3. 선의 착각과 아이라인

①

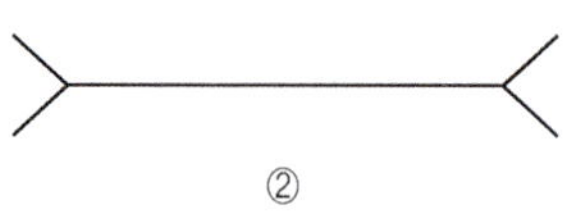

②

▶ 그림①과 ②는 같은 길이지만 화살표 방향이 안쪽을 향하고 있는 ①의 선보다 바깥쪽을 향하고 있는 ②의 선이 더 길어 보인다. 이것은 착각에 의한 것으로 아이라인에 응용하여 눈을 둥글거나 길고 가늘어 보이게 할 수도 있다.

2.4. 선의 착각과 립스틱

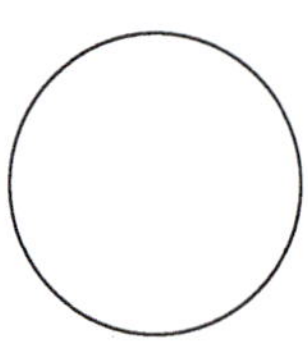

①

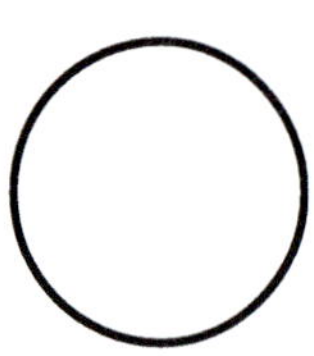

②

▶ 그림①과 ②는 같은 크기의 원이라 하더라도 ②의 원은 굵은 선 때문에 작고 긴장되어 보인다.

③은 ①을 응용한 것으로 입술 전체를 한 가지 색상으로 발라 자연스러운 느낌을 준다. 그림④는 그림②를 응용한 것으로 입술 라인을 짙은 색으로 확실하게 그리면 입매가 작고 긴장되어 보이고, 동색계로 농담을 조절해 주면 컬러 하모니의 아름다움을 충분히 발휘할 수 있다.

③

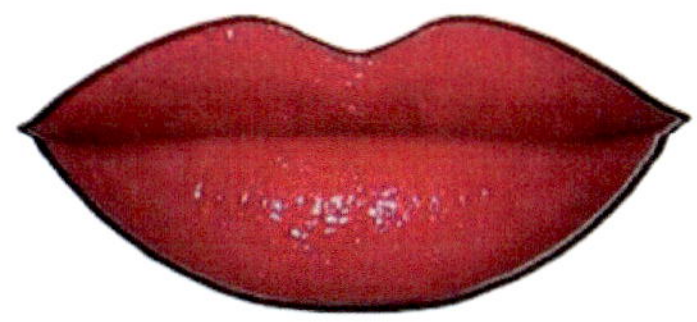
④

3. 대비의 착각과 메이크업 테크닉

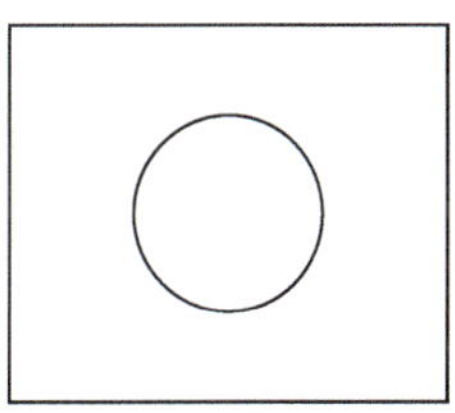
①

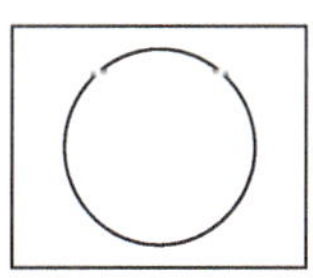
②

▸ 그림①과 ②는 같은 크기의 원이나 배경의 대소에 따라 원의 크기가 다르게 보인다. ①은 배경이 크기 때문에 원이 작게 보이고 ②는 배경이 작기 때문에 크게보인다.

3.1. 눈썹과 눈

①

②

▸ 그림①과 ②는 같은 크기의 눈이지만 ①처럼 눈썹을 길게 그리면 눈이 작아 보이는 효과가 있고, ②처럼 짧게 그리면 커 보인다.

3.2. 눈썹과 눈두덩

①　　　　　　　　　　　　　　②

▸ 그림①과 ②는 눈썹길이, 굵기, 형, 모양, 크기는 같으나 눈썹과 눈의 간격을 다르게 하는데서 느낌의 차이가 난다. 눈썹과 눈의 간격이 벌어져 있는 ①의 눈두덩이 멀어 보인다.

4. 수정 메이크업 테크닉

수정 메이크업(Corrective Makeup)은 이상적인 얼굴형을 만들기 위한 작업으로, 얼굴의 크기와 길이를 조절하고 입체감을 살리는 하이라이트(Hightlight) & 섀이딩(Shading), 아이 메이크업과 립 메이크업 등에 색의 착각, 선의 착각, 대비의 착각을 이용하여 보다 아름다운 얼굴을 연출할 수 있다.

〈표 4-1〉 얼굴형에 따른 수정 메이크업 테크닉

얼굴형	하이라이트 & 섀이딩	특징 및 메이크업 테크닉
계란형 (Oval shape)	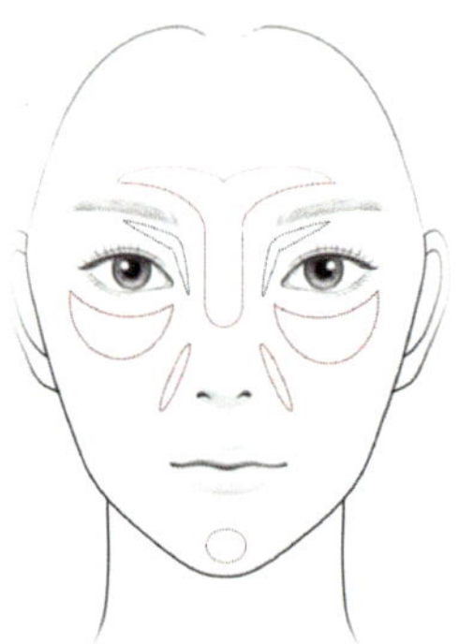	• 가장 이상적인 얼굴형이므로 특별한 테크닉은 없다. • 분위기에 맞추어 포인트 메이크업을 변화시킨다.

얼굴형	하이라이트 & 섀이딩	특징 및 메이크업 테크닉
긴형 (Long shape)	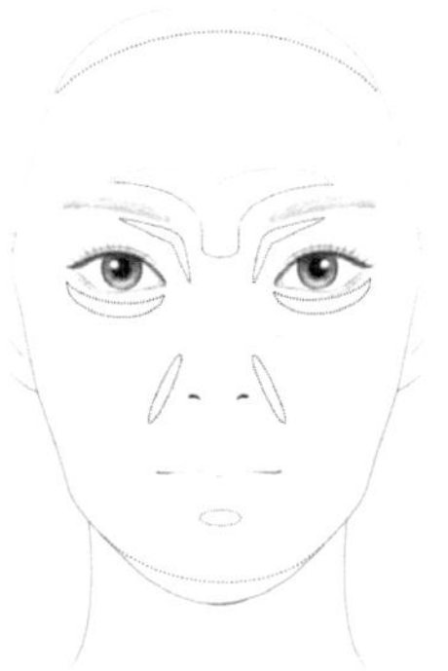	• 길이감이 느껴지지 않도록 헤어라인에는 어두운 파운데이션을 바르고 볼의 양 측면은 밝게 표현한다. • 콧날은 약간 짤막하게, 눈밑은 넓게 하이라이트 한다. • 코의 섀도는 짧게 넣는다. • 턱선 아래 부분에 섀도를 넣는다.
둥근형 (Round shape)	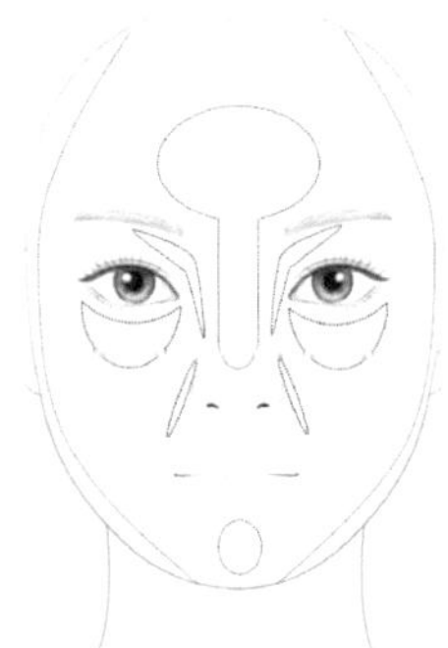	• 통통한 얼굴형을 갸름하게 보이게 한다. • 코줄기에 가늘게 섀도를 넣는다. • 눈밑을 약간 올리는 기분으로 확실하게 하여 라이트를 넣고 턱끝도 세로로 길게 넣는다. • 아이섀도는 사선적인 느낌으로 색감을 주어 눈꼬리로 시선이 가도록 한다. • 아이브로우는 각지게 그리고 블러셔는 사선으로 바른다.
사각형 (Square shape)	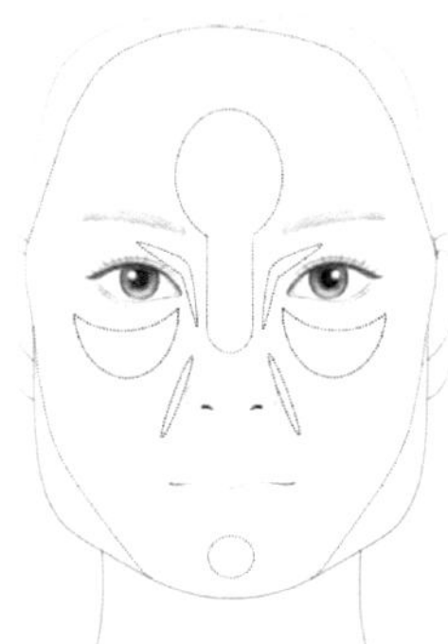	• 볼 넓이와의 밸런스를 생각해서 하이라이트와 섀도를 바른다. • 코줄기를 비롯한 세로 길이를 강조하여 하이라이트하고, 눈 아래는 볼의 넓이를 느끼지 않도록 가볍게 넣는다. • 아이브로우와 립은 곡선형으로 그린다.

얼굴형	하이라이트 & 섀이딩	특징 및 메이크업 테크닉
삼각형 (Triangular shape)	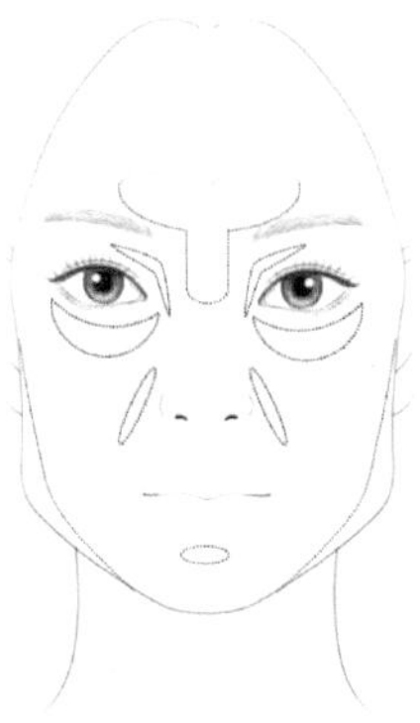	• 이마의 하이라이트를 조금 넓게 하고 눈 아리는 가늘고 산뜻하게 넣는다. • 섀도는 길게 넣는다. • 가진 턱 부분에 넓게 섀이딩을 주어 얼굴 형태가 가늘어 보이도록 한다.
역삼각형 (Heart shape)	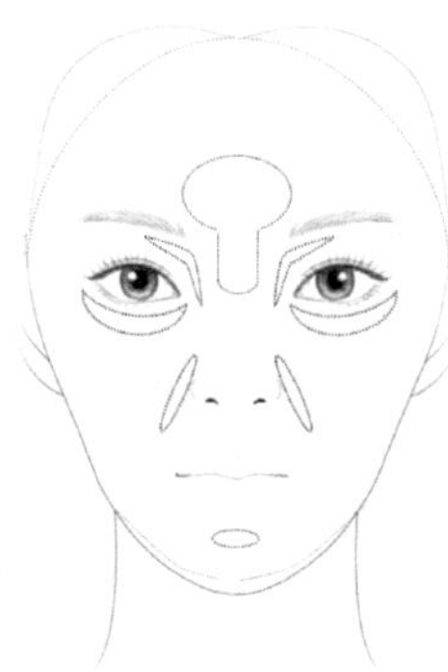	• 좁은 턱선을 강조하지 않도록 한다. • 턱 중앙은 하이라이트를 하지 않고, 양쪽 볼에 하여 통통하게 보이도록 한다.
다이아몬드형 (Diamond shape)	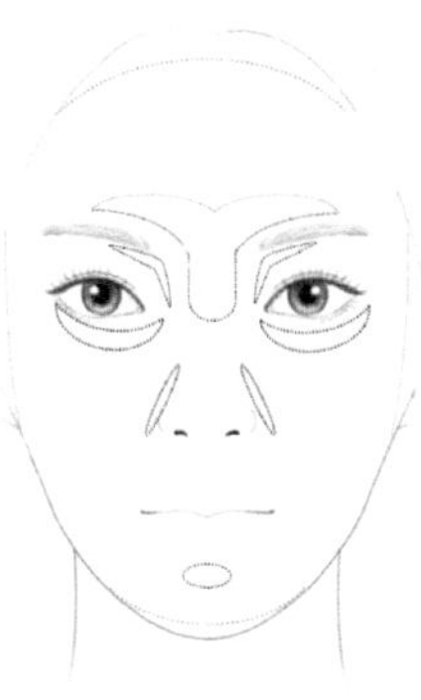	• 볼뼈가 강조되지 않도록 한다. • 이마는 넓게 하이라이트를 넣고, 턱선을 따라서 얇게 넣어 턱의 라인을 부드럽게 한다.

하이라이트
섀도

CHAPTER 05.
메이크업 제품과 도구

CHAPTER 05.
메이크업 제품과 도구

1. 메이크업 제품

미술가는 훌륭한 작품을 만들기 위해 정확하고 좋은 도구들이 필요하고 피아니스트는 감동적인 연주를 위해 양질의 음을 내는 최고의 피아노와 기술이 필요할 것이다.

이처럼 얼굴이라는 한정된 부분에 아름다운 메이크업을 연출하기 위해서는 테크닉 이전에 화장에 필요한 도구와 제품의 올바른 사용방법을 알아야 보다 깔끔하고 멋있는 모습을 기대할 수 있다.

1.1. 메이크업 베이스

메이크업 베이스(Makeup Base)는 베이스 컨트롤(Base Control)이라고도 하며, 기초화장 후 피부화장을 하기 전에 바르는 제품이다. 사람마다 피부색이 다르므로 파운데이션 색감이 잘 표현되도록 하기 위해 얼굴의 그늘진 부분이나 붉은 기, 잡티 등을 가려주어 피부색을 보완해 주는 역할을 한다. 수분과 유분 및 농도에 따라 리퀴드(Liquid) 타입과 크림(Cream) 타입, 스틱(Stick) 타입이 있고 질감에 따라 매트(Mat) 타입과 펄(Pearl) 타입이 있다. 특히 펄이 있는 제품은 피부에 윤기를 주어 얼굴색을 환하게 하고 피부를 돋보이게 하므로 파운데이션과 섞어 피부 화장을 하기도 한다. 이때 파운데이션과 메이크업 베이스 제품은 농도가 같은 제품끼리 사용하여야 잘 혼합된다.

또한 피부색에 따라 내추럴(Natural) 타입과 보정 효과가 있는 컨트롤(Control) 타입이 있으므로 알맞은 제품을 선택한다.

▸ 분류

- 내추럴 타입 : 안료를 함유하지 않아 보정 효과는 없지만 보습 또는 수렴의 스킨케어 효과가 크다. 피부 결점이 적거나 자연스러운 피부 표현을 원하고 화장의 지속성을 중시하는 사용자에게 적합하다.
- 컨트롤 타입 : 피부색 보다 약간 밝은 핑크색은 적당량의 안료를 함유하여 자연스러운 화장을 연출해 준다. 피부의 보색인 청록색은 차감 효과를 주어 칙칙 하거나 붉은 피부에 보정 효과를 준다.

〈그림 5-1〉 메이크업 베이스

▸ 메이크업 베이스 색상 선택

메이크업 베이스의 색상 선택 시 보색대비의 원칙을 따른다. 먼셀의 색상환(A.H.Munsell's Color Wheel)에서 반대되는 색, 즉 보색끼리의 혼합으로 무채색이 만들어지므로 그 위에 파운데이션을 바르면 원래 피부색의 결점이 보완된다.

〈표 5-1〉 메이크업 베이스 색상과 피부 표현 그대로

메이크업 베이스 색상	피부 표현
피치(Peach)	자연스러운 피부색 표현
화이트(White)	피부를 밝게 표현
핑크(Pink)	창백한 피부에 혈색 부여
그린(Green)	붉은 피부색 조절
퍼플(Purple)	피부의 노란기를 제거하고 화사한 피부색 표현
옐로(Yellow)	다갈색의 피부색을 중화시켜 밝게 표현
블루(Blue)	기미, 주근깨, 잡티가 많은 피부를 밝게 표현

1.2. 파운데이션

파운데이션(Foundation)은 피부의 색을 아름답게 보이게 하고 피부결을 정돈하여 질감을 풍부하게 해주며 건조함, 먼지, 자외선, 추위로부터 보호해 주는 역할을 한다. 유분과 수분, 메이크업 효과를 내기 위한 안료가 첨가되어 만들어지는데 피부의 성질이나 상태, 기호, 목적에 따라 적절히 선택하여 사용하여야 한다.

처음 시장에 선보인 파운데이션 제품은 연고상이었는데, 17세기에 유화 공법이 시행되면서 지금과 같은 파운데이션이 나타났다. 최근에는 자외선 차단 효과가 있는 제품이나 번들거림을 막아주고 내수성이 좋은 제품, 노화 방지에 효과적인 제품, 땀이나 물에 강해 운동 할 때 사용할 수 있는 스포츠 전용 제품 등 보다 기능적인 제품을 선호하는 추세이다. 사용감 측면에서는 피부에 산뜻하고 가볍게 바를 수 있는 쪽을 선호하는 등 효과, 속도, 편리함, 기능을 중요하게 여기는 경향이 있다.

일반적으로 얼굴색은 그 사람의 건강상태나 감정을 나타내는데 당황스런 일을 당했을 때 얼굴은 붉은기를 나타내고 있고, 푸르스름한 얼굴은 병색이 있는 얼굴로 느껴지고, 거무스름한 얼굴은 게을러 보이고 지저분한 인상을 느끼게 한다. 기분 좋은 일이 있을 때 적당히 상기된 얼굴은 보기에도 화사하고 촉촉한 느낌마저 든다. 이처럼 수시로 변하는 얼굴색을 자신이 원하는 피부 톤으로 예쁘게 표현해 주는 메이크업은 여성들의 특권이라 할 수 있다.

나이가 들어감에 따라 혈색이 감소된 피부에는 핑크 계의 파운데이션을 발라 주어 건강하고 화사하게 표현해 주면 된다. 종전에는 다소 창백한 느낌이 드는 흰 피부가 미인으로 간주되었는데 최근에는 젊은 층을 중심으로 베이지 브라운 톤으로 피부를 어둡게 표현하여 섹시하게 연출하는 경향이 있다.

▸ **분류**

- 유화형 파운데이션 : 오일을 베이스로 한 W/O(Water in Oil)타입은 사용감은 조금 무거운 편이나 지속성, 내수성이 높은 반면에 물을 베이스로 한 O/W(Oil in Water)타입은 사용감이 가볍지만 지속성, 내수성이 상대적으로 떨어진다. 리퀴드 파운데이션, 크림 파운데이션, 매트 파운데이션, 선(Sun) 파운데이션, 오일 컨트롤(Oil control) 파운데이션이 이에 속한다.

- 분산형 파운데이션 : 스킨 커버(Skin cover), 커버링(Covering) 파운데이션, 스틱 파운데이션이 이에 속한다.
- 파우더형 파운데이션 : 트윈케이크(Twin cake), 파우더(Powder) 파운데이션이 이에 속한다.

리퀴드 타입

크림 타입

파우더 타입

스틱 타입

쿠션 타입

〈그림 5-2〉 파운데이션

〈표 5-2〉 파운데이션의 기능별 종류와 특징

종 류	특 징
리퀴드 파운데이션	• 촉촉하고 얇고 자연스러운 메이크업 가능. • 건성 피부, 봄 메이크업, 내추럴 메이크업에 적합.
크 림 파운데이션	• 피부에 윤기와 탄력을 주고, 인공 광선 아래에서 적당한 커버력과 우수한 발색효과를 띄므로 이브닝 메이크업에 적합. • 건성 피부, 가을/겨울 메이크업에 적합
매 트 파운데이션	• 매트하게 처리하여 콤팩트를 안해도 무방하며 젊은 층이 선호.
선 파운데이션	• 내수성과 지속성이 우수하며 자외선 차단제가 함유되어 유해한 자외선으로부터 피부를 보호해 주는 제품. • 여름 메이크업에 적합.
오일컨트롤 파운데이션	• 사용감이 매트하고 피지를 조절해 주는 성분(sebum control)이 생체 내의 오일을 조절해 과다한 피지를 효과적으로 잡아주는 제품. • 젊은 층이나 지성 피부에 적합.
스킨 커버	• 기존 제품의 끈적임 대신 파우더를 바르는 듯한 사용감으로 피부의 결점을 자연스럽게 커버해 주면서 피부를 촉촉하게 만들고 밀착감이 우수한 고형 파운데이션이 개발됨.
커버링 파운데이션	• 기미, 주근깨, 점 등 잡티나 피부의 색소 침착 부위에 사용하거나 눈 밑과 입가주름의 그늘진 부위에 발라 표정을 밝게 해주는 부분 커버용 제품.
스 틱 파운데이션	• 피복력이 우수하여 피부 결점을 효과적으로 커버하는 스틱 형태의 파운데이션으로. 신부 메이크업, 특별한 모임을 위한 메이크업, 무대용으로 사용하면 효과적.
트윈케이크	• 파운데이션과 콤팩트를 합친 제품. • spf 지수가 표기되어 자외선으로부터 피부를 보호해 주며 내수성이 우수해 주로 여름에 적당. • 청량감있는 메이크업을 하기 위해서는 퍼프를 물에 적셔서 사용하도록 하고, 건조한 채로 사용하면 매우 간편해 직장 여성, 젊은 여성, 신속한 화장을 원하는 여성들의 필수 화장품.
파우더 파운데이션	• 트윈케이크와 같이 파운데이션과 콤팩트의 중간형태의 제품. • 파우더의 특성인 가벼움, 부드러움, 보송보송한 감촉을 살렸으며 빠른 시간에 화장을 마칠 수 있어 편리.

1.3. 파우더

파우더(Powder)는 전통적으로 피부를 하얗게 보이기 위해 얼굴에 발랐던 백분(白粉)과 색분(色粉)의 분말백분으로, 파운데이션이 개발된 이후에는 파운데이션을 고정시키는 역할을 하는 제품을 가리킨다. 분은 화장의 역사를 통해 볼 때 동서양을 막론하고 모든 여성들이 동경하는 흰 피부를 표현하기 위해 가장 오래 애용되어 온 화장품 중의 하나이다. 흰 피부는 바로 지배층의 권위의 상징으로 간주되었기 때문이다.

원시적인 분의 원료는 천연의 황토, 적토, 도자기의 원료인 고령토 등의 흙과 백묵원료인 활석이었다. 우리나라는 오래 전부터 분꽃의 열매를 절구나 맷돌에 곱게 갈아 체에 쳐서 백분을 만들어 분항아리에 담아 보관해 두었다가 화장 시 적당량을 분접시에 덜어 분수기의 물로 갠 다음 요즘 여성들이 퍼프에 콤팩트를 묻혀 바르듯 누에 고치집에 묻혀 곱게 펴 발랐다.

또한 오랫동안 분의 주원료로 쌀을 이용했는데 분(粉)의 표기가 쌀의 가루(分)라는 점에서도 알 수 있다. 그러나 곡식을 원료로 한 천연분의 날 비린내가 난다는 단점이 있었다. 그래서 실제로는 쌀로만 만들지 않고 쌀과 서속을 3:2로 배합하여 만들었으며 분꽃 씨, 조개껍질을 태운 분말, 흰 돌가루, 칡을 말린 가루 등이 분의 원료로 사용되었다.

분의 필수 요소인 부착력을 높게 하기 위해서 한때 광물질인 납을 가미했다가 살갗이 푸르스름해지고 땀구멍이 커지는 등 납독이 유발되어 사회적으로 큰 문제가 되던 시절도 있었다. 1916년 우리나라의 공업화된 화장품의 효시라고 할 수 있는 박가분(朴家粉)이 생산되어 하루 1만 갑씩 팔리는 호황을 누렸지만 납중독 사건으로 1931년 폐업하기에 이르렀다.

1950년 말경에는 국내 화장품 시장에서 분백분 시장이 급속히 커지고 있었는데 이때 경쟁의 성패는 미세한 입자의 제조여부에 달려 있었다. ㈜태평양에서는 1958년 동양 최초로 독일로부터 에어 스푼(Air Spun) 제분기를 수입해 ABC분백분, 코티분을 생산하여 대단한 인기를 얻었다.

예전에는 보습제를 바른 뒤 바로 가루분을 발랐기 때문에 원래 피부에 또 하나의 막을 씌우는 성질을 갖게끔 제조되었다. 그러나 파운데이션의 개발과 함께 가루분은 기름기를 흡수하는 구실만 하도록 반투명 제품으로 바뀌었다.

현재 사용되는 페이스 파우더는 활석(Talc)을 주성분으로 여기에 탄산마그네슘, 규산칼

슘 등을 첨가해 땀과 기름기를 흡수하게끔 제조된다. 이들 성분은 파운데이션의 번들거림을 막아주고 화장의 지속성을 높여 줄 뿐 아니라 광선을 흡수하거나 불규칙하게 반사하여 부드럽게 보이도록 한다.

▸ 분류

- 투명타입 : 피부에 발랐을 때 색상이 안 나타나는 것으로 입자 크기와는 무관하다.
- 반투명 타입

〈표 5-3〉 파우더의 기능별 종류와 특징

종 류	특 징
페이스 파우더	• 전통적인 가루분의 형태로, 양이 많아 경제적. • 블루밍(Blooming) 효과가 우수하여 피부가 화사한 느낌. • 자연스럽게 피부 마무리를 해 주는 투명 타입, 건강한 느낌으로 표현해 주는 헬시 타입 이외에도 화사하고 우아하게 표현해 주는 핑크색 파우더 등 개성에 따라 선택 가능.
콤팩트	• 페이스 파우더를 사용할 때의 가루 날림을 보완하고 휴대하기에 간편하도록 압축시켜 만든 제품.
소프트 파우더	• 페이스 파우더와 콤팩트의 중간 형태로 압축시킨 분으로, 블루밍 효과가 적당하고 사용하기에도 간편하다.
페이스 컬러	• 압축시켜 만든 콤팩트의 일종으로, 파스텔톤의 다양한 컬러를 시각적으로 예쁘게 배열한 제품. • 전체적으로 피부를 화사하게 해 주거나 하이라이트 효과.

페이스 파우더　　팩트 파우더　　페이스 컬러

〈그림 5-3〉 파우더

1.4. 아이섀도

아이섀도(Eye shadow)는 눈꺼풀에 색감을 주어 입체감을 살리고 눈에 깊이 있는 아름다움을 더해 주어 눈의 표정을 강조하는 목적으로 사용된다.

이 화장은 고대 메이크업 테크닉 가운데서 가장 발달한 부분으로 고대 이집트에서는 눈 주변을 녹색의 큰 테두리로 둘러싸듯이 표현하였다. 처음에는 눈병의 원인이 되는 강한 햇빛을 차단하고 작은 벌레가 눈에 들어오는 것을 막기 위한 약용 목적으로 사용되었으나 점점 미적인 목적으로 바뀌었다.

색상을 선택할 때는 개성, 의상 색, 계절, 피부색 등에 따라 달리 한다. 눈의 형태나 눈꺼풀의 모양에 따라 바르는 위치와 색을 고려하여 이미지를 바꿔보는 것이 좋다. 부어 보이고 튀어 나온 눈두덩은 아이섀도로 그늘을 만들어 들어가 보이게 하고, 움푹 들어간 눈두덩에는 밝은 색의 섀도로 하이라이트 효과를 주어 나와 보이게 한다.

눈의 위치에 따라 눈 사이의 폭이 넓을 경우에는 눈머리에 가깝게, 좁을 경우에는 눈꼬리 쪽에 포인트를 주어 바른다. 옅은 색은 전반적으로 넓게 펴 바르는 색상이고 짙은색은 포인트를 주어 강조해 주는 색상이다.

좋은 제품은 바를 때 가루 날림이 없어야 하며 자연스럽게 색감이 표현되고 지속력이 좋아야 한다. 제품에 따라서는 펄이 있는 제품과 없는 제품이 있는데 펄이 있는 제품은 색상이 선명하고 예쁘게 표현되는 반면 빛을 반사시켜 자칫 지저분해 보이기 쉬우므로 주의를 요한다. 사진 메이크업을 할 때 펄이 없는 제품을 사용하는 것이 효과적이나 최근 펄 메이크업이 유행하면서 메이크업 테마에 관계없이 광범위하게 사용되고 있다.

▸ 분류

- 케이크 타입 : 일반적으로 가장 많이 사용되는 제품이다.
- 펜슬 타입 : 사용하기 간편해 젊은 층에서 선호하는 제품이다.
- 크림 타입 : 사용 후 콤팩트로 한번 눌러주고 같은 계열의 케이크 타입의 섀도를 덧발라 주어 지속성을 유지한다.

리퀴드 타입

케이크 타입

크림 타입

〈그림 5-4〉 아이섀도

1.5. 아이라이너

아이라이너(Eye liner)는 속눈썹이 난 부위에 아주 가는 선을 그려 넣어줌으로써 눈매를 또렷하게 강조해 주는 제품으로 눈의 형태를 수정하는데 가장 효과적이다.

기본 색상은 블랙이며 계절이나 분위기에 따라 블루, 퍼플 등을 사용하도록 한다.

▸ 분류

- 펜슬 타입 : 사용이 간편하고 자연스러워 초보자를 비롯하여 가장 보편적으로 사용되는 제품, 민감한 눈 주위에 사용되므로 부드럽게 색감이 표현되는 것이 특징이다.
- 리퀴드 타입 : 액상타입으로 얇은 필름막을 형성함으로써 쉽게 지워지지 않고 깔끔하게 아이메이크업을 할 수 있는 제품으로 가늘고 탄력있는 브러시를 선택하는 것이 중요하다. 얇게 바를 수 있어 가볍고 번지지 않아 더운 여름철에 사용하기에 적합하다. 특히 인조속눈썹을 붙였을 경우 리퀴드 타입의 라이너를 사용하면 자연스런 눈매로 표현할 수 있다.
- 케이크 타입 : 마스카라와 공용으로 사용할 수 있어 경제적이다. 물이나 화장수로 개어서 사용하는데 갤 때 크림상이 되도록 계면활성제를 첨가한 것이다.
- 붓펜타입 : 일반적인 붓펜의 형태로 초보자도 사용하기 편리하다.
- 젤타입 : 젤이나 크림제형으로 따로 브러시에 묻혀 사용한다. 또렷하고 정교한 표현과 자연스러운 표현이 모두 가능하고 지속력도 높다.

펜슬 타입 리퀴드 타입 케이크 타입 붓펜 타입 젤 타입

〈그림 5-5〉 아이라이너

1.6. 마스카라

마스카라(Mascara)는 속눈썹을 길어 보이게 하거나 짙게 표현하여 눈매에 깊이감을 주고 눈의 매력을 한층 돋보이게 하기 위해 사용된다.

마스카라는 서구 여성들에게 가장 널리 쓰이는 아이 메이크업 제품으로, 우리나라에서는 신세대를 중심으로 시장이 점차 커지고 있는 실정이다. 블랙을 중심으로 블루, 퍼플, 브라운, 그린 등 여러 가지 색상이 있으므로 개성이나 분위기, 계절에 따라 다양하게 연출할 수 있다.

좋은 제품은 비교적 빨리 마르고 눈썹이 서로 엉키지 않아야 하며, 색감이 선명하고 골고루 잘 표현되어야 한다. 또한 민감한 눈 주위에 사용하는 제품인 만큼 안전하게 사용할 수 있어야 한다. 최근 화장품 회사들은 임상 테스트를 거쳐 안정성이 입증된 제품을 출시하고 있다.

마스카라 시장은 앞으로 컬러의 다양화 등 패션성을 띤 제품 개발과 지속성이나 컬링(curling) 등 기능이 더욱 보완된 제품 개발이 기대되고 있다.

▸ 분류

- W/O
- O/W : 마스카라의 90%정도를 차지한다.

〈표 5-4〉 마스카라 기능별 종류와 특징

종 류	특 징
컬링 마스카라 (Curling Mascara)	• 하드한 느낌을 주는 원료를 사용하여 속눈썹이 잘 올라감.
롱래쉬 마스카라 (Long Mascara)	• 섬유소(Fiber)가 들어 있어 내용물을 외관에서 확인 가능. 섬유질이 속눈썹 끝에 붙어 길어 보이는 효과.
볼륨 마스카라 (Volume Mascara)	• 내용물이 많이 발라져 속눈썹이 풍성하게 보이는 효과.
내추럴 마스카라 (Natural Mascara)	• 자연스러운 속눈썹 화장을 원할 때 적합.
워터프루프 마스카라 (Waterproof Mascara)	• 건조가 빠르고 내수성이 좋으며 얇은 필름을 형성해 속눈썹이 한올 한올에 잘 발라지므로 여름철에 사용하면 효과적.

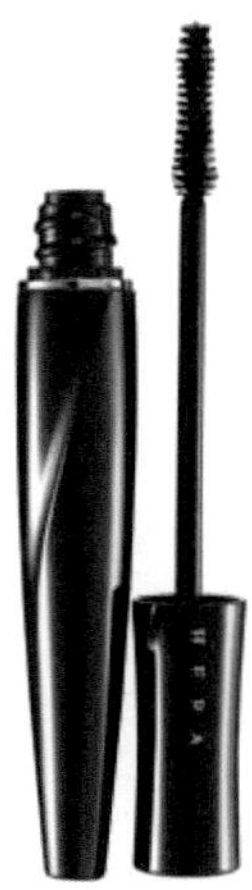

〈그림 5-6〉 마스카라

1.7. 아이브로우

아이브로우(Eyebrow)의 형태에 따라 얼굴 표정이 판이하게 달라진다. 역사적으로 볼 때 화장의 중심이 된 것이 바로 눈썹 화장이다.

눈썹먹의 재료로는 송연 먹(소나무를 태운 그을음으로 만든 숯 먹), 달개비 꽃잎 태운 것, 버드나무 가지, 굴참나무, 밤나무의 목탄, 목탄꽃 태운 재 등이 사용되었다.

우리나라에서 언제부터 눈썹 화장을 했는지 정확히 알 수는 없으나 고분벽화에서 다양한 재료를 사용한 것으로 볼 때 상당한 수준이었을 것으로 짐작할 수 있다. 고구려 수산리 고분 서벽화 귀부인상과 쌍영총 주실 북벽 인물도를 보면 연지 화장과 함께 가늘고 조금 둥근 형태의 눈썹을 확인할 수 있다. 이는 눈썹 화장이 신분에 관계없이 보편화된 화장이었음을 보여준다.

남해안에서 불려진 〈해초타령〉이라는 민요의 한 대목을 살펴보면, '누구를 위하여 눈썹을 뽑느냐 서방님 위해서 눈썹을 뽑는다'라고 하여 눈썹먹으로 그리는 것 외에도 눈썹을 뽑음으로써 눈썹 모양을 수정했음을 알 수 있다.

지금과 같은 아이브로우 펜슬이 나타나기 시작한 것은 제 2차 세계대전 때였다.

당시 독일에서 외과 수술용으로 특별 주문되어 만들어진, 심이 부드러운 연필이 전쟁이 끝난 후 여성용 메이크업 도구로 변신하였는데 이것이 바로 아이브로우 펜슬이다. 눈썹의 형태는 시대에 따라 가늘고 긴 눈썹, 굵고 짧은 눈썹이 유행하기도 하였다.

최근에는 브라운이나 그레이 색상의 아이섀도를 사용하여 눈썹을 보다 자연스럽게 표현해 주기도 한다. 제품 색상은 브라운, 그레이, 블랙 등이 널리 사용된다.

▸ 분류

- 우드 타입 : 연필처럼 깎아서 사용할 수 있다.
- 샤프 타입 : 심을 교체해서 사용하는 형태의 제품
- 카트리지 타입 : 심이 든 보디 자체를 교체해서 사용하는 제품

브로우 카라　　섀도우 타입　　우드 타입　　카트리지 타입

〈그림 5-7〉 아이브로우 펜슬-카트리지 타입

1.8. 립스틱

입술에 색감을 주어 건강하고 매력적으로 보이게 하며 외부의 자극이나 자외선 등으로부터 입술을 보호해 주는 것이 립 메이크업의 목적이다. 립스틱은 가장 일반적인 형태의 립 메이크업 제품이며 다양한 컬러와 촉촉하고 부드러운 질감으로 여성들에게 사랑받고 있다.

종전까지만 하더라도 붉은색을 의미하는 '루즈'(Rouge)로 불리다가 요즘은 일반적으로 '립스틱'(Lipstick)이라고 한다. 우리나라에서는 1960년까지도 '연지'라는 말이 많이 사용되었으며 입술연지, 볼연지로 구분하였다.

▸ 유행을 만드는 립스틱 컬러

고대 그리스인들은 폴데로스(Polderos)라는 식물의 뿌리에서 얻은 핑크색 염료로 뺨과 입술에 색감을 주었고 로마 사람들은 해초나 꼭두서니에서 붉은 염료를 뽑아내 화장품으로 사용했다. 고대 우리나라 연지의 원료로는 수은과 유황의 화합물인 주사(朱砂)가 사용되었고 홍화(紅花 : 일명 잇꽃)라는 식물성 염료도 사용되었다.

18세기까지만 하더라도 화장품은 약국에서 원료를 사다가 집에서 만들어 쓰는 형편이었다. 색상은 주로 레드였는데 프랑스 마리 앙뜨와네트(Josephe Jeanne Marie Anotoinette, 1755-1793)의 전속 미용사는 9가지 색조를 만들었다고 한다.

1940년대는 연한 핑크색 류의 아주 옅은 색상이 주류를 이루었고 1960년대는 아이 메이크업이 매우 강조된 반면, 입술색은 더욱 연해져 거의 흰색에 가까운 창백한 컬러가 유행 하였다. 1970년대는 전체적으로 부드러운 색상이 많았고 1980년대는 입술에 포인트를 주는 메이크업이 유행되었다. 1990년대는 에콜로지(Ecology)의 영향으로 전체적으로 자연스러운 화장이 강조되어 립스틱 컬러도 파스텔톤의 베이지, 오렌지, 핑크 등 피부색과 잘 어울리는 자연미가 중요시되고 있다.

우리나라는 1960년을 전후로 해서 연지가 고형인 스틱으로 변모하여 선보이기 시작해 주로 레드 컬러가 선호되었다. 입술 언저리가 빨개지는 염착성 제품의 외제 립스틱은 주로 특수층 부녀자나 접대부들이 사용했지만 일반적으로 널리 사용되지는 않았다.

▸ 문화권에 따른 립 메이크업

일반적으로 우리나라를 비롯한 동양권 여성들은 처음 화장을 시작할 때에 립스틱을 먼저 구입하는 데 반해 미국이나 유럽에서는 마스카라 등 아이 메이크업부터 시작한다. 서양 여성들은 동양인에 비해 얼굴이 입체적이고 윤곽이 뚜렷하며 눈동자나 모발 색상이 다양한데 이러한 다양한 컬러에 잘 조화되는 아이섀도나 마스카라를 즐겨 한다.

우리나라는 고대 벽화나 회화, 민요, 시조 등에서 살펴보면 가는 눈썹, 흰 피부, 붉은 앵두 같은 입술 화장을 하고 있어 예로부터 화장이 상당히 보편화되었음을 알 수 있다.

▸ 립스틱의 성질

립스틱을 발랐을 때 피막이 입술에 잘 붙어 있어야 하며 시간이 경과하더라도 색상이 균일하게 남아 있어야 한다. 립스틱은 입술을 마르게 해서는 안되고 부드럽고 자극이 없고 냄새가 좋아야 한다. 또한 온도 변화에 따라 이슬이 맺히지 않아야 하며 매끈하고 적당히 윤기가 도는 것이 좋다.

▸ 분류

- 립 라이너 펜슬 : 주요 목적은 입술 바깥 선을 그려 립스틱이 번지는 것을 막아주고 입술 주위의 잔주름을 커버하는 것이다. 립라이너 펜슬은 비뚤어진 입술 선을 바르게 할 수 있으며 윤곽이 또렷하지 않은 것을 좀 더 확실하게 해 주는 효과가 있다. 입술 바깥 선을 그릴 때는 본래 입술 선을 조금 크게 또는 조금 작게 수정한다. 선택 요령은 바르고자 하는 립스틱 색과 가장 유사한 색이나 약간 짙은 색을 고르면 된다.
- 립글로스 : 대부분 오일을 많이 함유한 반면 소량의 색소를 포함하고 있어 채색 효과가 오래 지속되지는 못하지만 입술 색을 보강하여 엷은 광택과 촉촉함을 더해주는 제품이다. 특히 추운 겨울철 맨 입술 위에 발라 입술을 보호해 주고 안쪽에 살짝 덧발라 윤기를 더해줄 수 있다.
- 립틴트 : 색소를 입술에 흡착시켜 일정시간 지워지지 않는 제품이다. 잘 묻어나지 않고 지속력이 높은 장점이 있다.

글로스　립스틱　립오일　틴트

〈그림 5-8〉 립 메이크업 제품

1.9. 블러셔

블러셔(Blusher)는 볼에 부드러운 느낌을 주고 여성스러움을 더해 주며 표정을 생기있게 해 주는 것이 목적이다. 볼은 건강을 알 수 있는 부분으로 20세 전후까지는 누구에게나 엷은 선홍색의 건강미가 느껴지나 차츰 혈색이 없어진다. 블러셔는 원래 우리들이 지니고 있는 건강한 혈색을 자연스럽게 표현해 줄 수 있다.

옛날에는 '연지'라고 하여 입술과 볼에 발랐으나 요즘은 간편한 케이크 형태의 제품이 주로 많이 사용된다.

우리나라에서는 미인의 조건으로 삼홍(三紅)이라고 하여 볼과 입술, 손톱이 붉어야 했기 때문에 일찍부터 연지 바르는 풍습이 있었다. 연지의 원료는 주사, 홍화 등으로 이른 새벽에 붉은 꽃을 따다가 만들었다. 이 붉은 꽃을 절구에 찧고 배로 짜서 그늘진 곳에서 서서히 말려 가루를 만들어 물을 뿌리고 말리는 과정을 반복하여 체로 친 후 환약처럼 만들어 말려 보관하였다가 조금씩 기름에 개어 발랐다.

이러한 과정을 되풀이할수록 상품(上品)이 되며 이에 따라 '두벌홍', '세벌홍'등 질적 차이가 있었다.

▸ 분류

- 케이크 타입 : 콤팩트 분에 색소가 강화된 것으로 가장 보편적인 형태의 제품이다.

• 크림 타입 : 무대용 또는 전문가용으로 많이 사용되며 발랐을 때 자연스러워 보이고 땀에 잘 견딘다. 외관은 고체 형태이나 피부에 문지르면 부드럽게 잘퍼지며 주름이 많은 피부에도 적합하다. 크림형을 바른 다음에는 반드시 콤팩트로 가볍게 눌러 주어야 하며 케이크 형태의 블러셔를 덧발라 주면 화장 상태가 깔끔하게 오래 지속된다.

리퀴드 타입　케이크 타입　크림 타입

〈그림 5-9〉 블러셔 제품

2. 메이크업 도구

2.1. 거울

거울은 우리나라 여성들만이 아니라 세계의 여성들이 아주 오랜 옛날부터 애용해 온 화장도구이다.

옛날에는 고대 그리스 로마 신화의 나르시소스(Narcissus)의 전설에서처럼 물 거울을 이용하였는데 맑은 호수나 냇물 또는 우물을 들여다보면서 자신의 용모를 비추었다. 호수나 냇물처럼 움직이지 않는 거울의 불편을 덜기 위해 움직이는 거울을 고안해 낸 것이 바로 돌이나 수정을 갈아서 만든 석경(石鏡 : 돌 거울)이다.

청동기 시대에 들어와서는 동경(銅鏡)이 제작되었다. 우리나라에서는 10세기 경 제작되기 시작하여 조선시대 말엽인 1883년 인천에 판유리 공장이 설립되었다. 이렇게 유리 거울이 대중화되면서 경대의 보급이 늘어났고 양반층에서는 체경(體鏡)이 유행했다.

2.2. 빗

빗은 머리를 단정히 하는데 사용되는 도구이다. 삼국시대나 고려시대에는 여성들이 빗을 장신구로도 사용하여 뒷머리에 꽂고 다니기도 하였다.

조선시대에는 빗을 잃어버리면 정조를 포기한 것으로 간주하고, 빗을 주면 혼인을 허락한다는 의미가 있었기 때문에 머리에 꽂는 관습이 사라졌다. 또한 신분에 따라 빗의 모양과 재료에 차등을 두기도 하였다.

빗의 재료로는 박달나무, 대나무, 대추나무, 도장나무, 소나무 등 주로 나무가 많이 쓰였고 이밖에 대모, 상아, 뿔, 은 등이 사용되었다.

최근에는 화려한 컬러, 다양한 형태와 크기의 예쁜 빗들을 흔하게 볼 수 있다.

2.3. 브러시

1) 분류

메이크업의 시작과 마무리는 모두 브러시의 터치에 달려있다고 해도 과언이 아닐 정도로 중요한 도구이다. 용도에 따라 크기와 모양이 다른 다양한 브러시가 필요하다. 털은 부드러운 것과 탄력이 있는 것으로 나눌 수 있으며 합성 인조모(毛)보다 자연모가 좋다. 자연모에는 오소리 털, 조랑말 털, 염소 털, 담비 털과 이들의 털을 혼합한 것이 있는데 담비 털을 최고로 친다.

메이크업 제품을 구입할 때 용기 안에 내장되어 있는 일반용 브러시와 용도별로 다양한 전문가용 브러시가 있다.

〈표 5-5〉 브러시 기능별 종류와 특징

종 류	특 징
파운데이션 브러시	• 리퀴드 파운데이션을 얇게 펴 바를 때 사용. • 자연스러운 피부 표현이 가능.
컨실러 브러시	• 점, 여드름 등 피부결점을 커버하기 위해 컨실러를 바를 때 사용. • 스폿 커버(spot cover)이므로 브러시가 작다.
파우더 브러시	• 일반적으로 브러시 세트에서 가장 큰 브러시. • 내추럴 메이크업시 파운데이션 후 파워더를 바를 때 사용. • 피니쉬 메이크업 단계에서 과다한 파우더를 털어 내주고 투명한 느낌으로 마무리 할 때 사용.
팬 브러시	• 부채꼴 형태의 브러시. • 과다한 파우더를 털어낼 때, 얼굴 위에 떨어진 아이섀도 가루를 없앨 때 사용.
아이브로우 브러시	• 아이브로우 펜슬 뒤에 붙어 있는 브러시는 펜슬 자국을 잘 펴 자연스러운 눈썹 화장 가능. • 앵글 브러시는 각이 져 있어 아이섀도로 눈썹을 자연스럽게 표현할 때 사용한다. • 솔과 빗이 함께 달린 아이브로우 콤은 눈썹을 빗어주거나 펜슬 자국을 펴 줄 때, 마스카라로 엉겨 붙은 속눈썹을 빗어주는데 사용.
아이 섀도 브러시	• 털의 탄력이 좋고 부드러운 것이 좋으며 시술 면적과 용도에 따라 다양한 크기 사용. • 납작하고 끝이 가지런한 스퀘어(square) 형태와 둥근 라운드(round) 형태로 분류. • 팁 브러시는 포인트 컬러를 바를 때 편리.
아이 라인 브러시	• 아주 가는 붓으로 아이라인을 그릴 때 사용.
마스 카라 브러시	• 스크루 브러시라고도 하며 눈썹을 그리기 전에 눈썹을 가지런히 빗어줄 때 또는 마스카라를 속눈썹에 묻힐 때 사용.
립 브러시	• 튼튼하고 탄력있는 짧은 털로 된 브러시가 적당. • 쉽게 휴대할 수 있어야 하며 사용 후에는 항상 깨끗하게 닦아 보관.
블러셔 브러시	• 파우더용 브러시와 아이섀도용 브러시의 중간 크기.

〈그림 5-10〉 브러시의 종류

2) 브러시 클리너

브러시(Brush)를 올바르게 관리하고 오랫동안 사용하려면 반드시 세척을 해 주어야 한다. 브러시에 화장품이 묻어 있는 상태로 오래 두었을 때, 세균이 번식할 수가 있고 여러 명에게 메이크업을 해야 할 경우, 타인의 세균이나 피지를 옮길 수 있기 때문이다.

브러시는 한정되어 있고, 간편하게 빨리 세척해서 다시 사용하고 싶거나 시간이 없어서 간편한 세척을 원할 때 브러시 클리너를 사용하면 매우 편리하고 위생적이다.

▸ 브러시 세척 순서

① 브러시를 충분히 털어 내어 메이크업 제품의 남은 여분을 없앤다.

② 브러시 클리너 또는 미지근한 물에 중성 세제를 풀어 더러움을 깨끗이 뺀다.

③ 완전히 세척한 후 맑은 물로 충분히 헹궈낸 다음 부드러운 면으로 된 천이나 수건으로 물기를 제거하고 브러시를 잘 펴 충분히 건조시키도록 한다. 바닥에 평평하게 눕히거나, 브러시 헤어가 아래쪽을 향하도록 매달아서 공기 중에 건조시켜야 브러시가 망가지지 않는다.

④ 세척과 건조를 끝낸 다음 가지런히 꽂을 수 있는 브러시 전용 케이스에 보관한다.

▸ 분류

- 스프레이 타입 : 메이크업 브러시를 빠르고 간편하게 세척하여 주는 퀵 드라이 스프레이 타입으로, 브러시를 자주 사용하는 전문가용이다. 브러시에 2-4회 정도 스프레이 한 후 물로 헹굴 필요 없이 깨끗한 천 또는 종이 타올을 놓고 부드럽게 앞뒤로 여러 번 닦아내고 그대로 공기 중에 건조 시켜 사용한다.
- 샴푸 타입 : 메이크업 브러시를 보호하면서 깨끗하게 세척하여 주는 딥 클렌징(deep cleansing) 타입으로, 브러시 수명 연장을 위해 일주일에 한번 사용한다. 브러시를 미지근한 물에 적신 후, 적당한 양을 펌핑(pumping)하여 젖은 손바닥 위에 거품을 내며 브러시를 세척하는 제품이다.

스프레이 타입

샴푸 타입

〈그림 5-11〉 브러시 클리너

2.4. 퍼프

메이크업을 할 때 가장 좋은 도구는 바로 자신의 손이지만 화장하는 과정에서 매번 깨끗하게 해야 하는 번거로움이 있다. 손 대신에 퍼프(Puff)를 사용하면 짧은 시간에 간편하게 화장을 할 수 있다는 이점이 있다. 퍼프는 맨 피부와 직접 접촉하는 것이므로 피부에 닿았을 때 거칠거나 불쾌한 느낌을 주어서는 안되며 부드럽고 결이 섬세하면서도 탄력성이 있는 것이 좋다.

우레탄

NBR

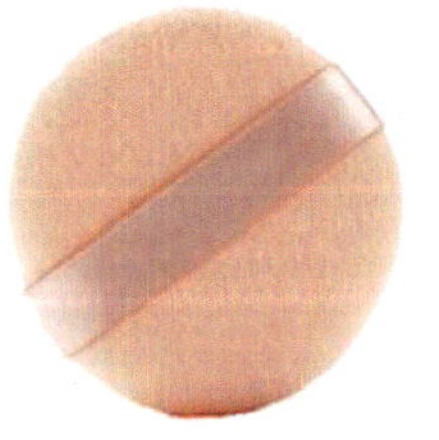

면퍼프

해면

〈그림 5-12〉 퍼프의 종류

〈표 5-6〉 퍼프의 기능별 종류와 특징

종 류	특 징
우레탄 (Poly Urethane Foam)	• 트윈케이크, 콤팩트류, 파우더류에 사용. • 사용감이 가볍고 피부에 미끄러지듯 발라주면 효과적.
NBR (Nitro Butadine Rubber)	• 트윈케이크, 스킨커버를 바를 때 사용. • 물에 적셔서 사용할 수도 있는 양용 타입의 퍼프. • 바를 때 밀착감이 느껴짐.
리퀴드 파운데이션용 NBR	• 퍼프의 조직이 치밀하며 섬세하고 탄력있어 파운데이션을 바르기에 적합. • 얼굴부위에 따라 퍼프의 크기를 조절하여 사용.
면퍼프	• 일명 분첩으로 통칭되는 파우더 퍼프. • 메이크업 시술시 모델의 얼굴에 실기자의 손이 닿아 화장이 지워지는 것을 막기 위해 손가락에 끼워서 사용. • 분첩은 얼룩진 치크 메이크업 수정시 두드리듯 둥글려 가며 사용하면 효과적.
해 면	• 물에 담그면 부드러워지는 천연퍼프. • 팬 케이크 사용시 편리. • 사용 후 따뜻한 물에 빨아 건조시키면 다시 딱딱해짐.

2.5. 아이래쉬 컬러

아이래쉬 컬러(Eyelash Curler)는 직선이나 짧은 속눈썹을 자연스럽고 아름답게 올려주는 기구를 말한다. 속눈썹 깊숙이 컬러를 끼운 다음 서서히 힘을 주면서 눈 위쪽 방향으로 빼내면 자연스럽게 컬이 생긴다.

힘을 급작스럽게 주어 속눈썹이 중간에 꺾여 보이지 않도록 한다. 고무 부분은 적당한 탄력이 있어야 하며 교체해서 사용할 수 있는 것이 좋다. 아이래쉬 컬러는 쇠로 된 제품과 플라스틱 제품이 있으며 열로 일시적인 컬을 쉽게 만들 수 있는 컬러도 있다.

아이래쉬 컬러를 사용할 때는 모델이 심리적인 두려움을 느끼므로 눈을 감게 하고 시술자의 왼손 엄지손가락으로 모델의 눈꺼풀을 살짝 들어올린 뒤 사용하고, 눈꺼풀 살이 컬러에 끼지 않도록 주의한다.

2.6. 눈썹 수정 가위

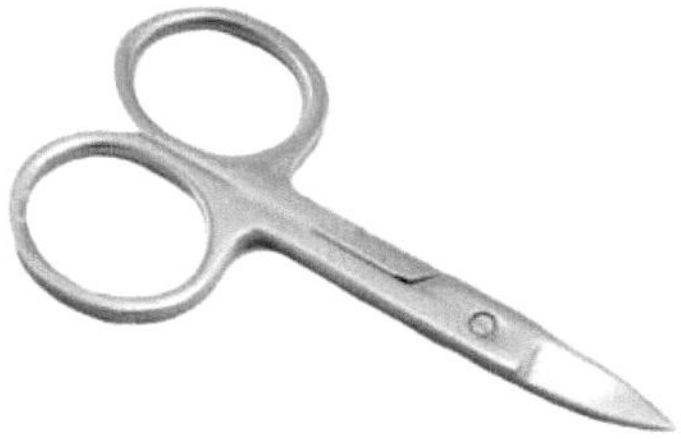

눈썹 수정 가위는 앞부분이 완만하게 휘고 두 날이 어긋남이 없이 잘 맞물려 있어야 한다. 눈썹 형태를 수정하거나 지저분한 부분을 잘라 내는데 쓰인다. 네일 시술시 주변의 굳은살을 제거할 때도 사용한다.

2.7. 화장솜

화장솜은 기초 제품을 바를 때 주로 많이 사용하며 눈, 입 등의 포인트 메이크업을 지울 때도 사용한다. 보통 순면 100%의 미용솜으로 피부에 자극이 적고 사용감도 부드럽다. 매니큐어(Manicure), 페디큐어(Pedicure) 제거 시에도 매우 효과적으로 이용된다.

2.8. 족집게

족집게는 역사적으로 가장 오래전부터 사용되는 미용도구중의 하나로, 주로 눈썹을 수정하거나 눈썹 주변의 잔털을 뽑아 눈썹 형태를 잡아주는데 효과적이다.

피부 자극이 느껴질 수 있으므로 크림을 바른 다음 뽑도록 한다. 털을 뽑은 후에는 알코올로 소독한다.

2.9. 면봉

면봉(Q-Tips)은 섬세한 눈 주위 화장이나 입술 화장을 수정할 때 편리하게 사용할 수 있으며 아이섀도를 펼 때도 사용된다. 메이크업을 할 때 몇 개의 면봉을 준비해 두면 매우 요긴하게 사용할 수 있다.

2.10. 머리띠

머리띠는 메이크업을 할 때 머리카락이 흘러내리는 것을 막기 위해 사용하며 얼굴의 윤곽을 정확히 파악하는 데도 도움을 준다. 어두운 색보다 밝은 색의 머리띠를 사용하는 것이 메이크업의 색상을 결정하는데 좋다.

2.11. 어깨보

어깨보는 메이크업을 할 때 어깨주변을 감싸주는 부드러운 천으로, 파우더나 섀도 가루가 떨어지거나 색조 제품이 옷에 떨어져 지저분해 지는 것을 막아준다.

CHAPTER 06.
메이크업 순서

CHAPTER 06.
메이크업 순서

메이크업은 클렌징에서부터 시작한다고 볼 수 있다. 깨끗한 피부에 행해지는 메이크업은 더 아름답고 투명하게 표현될 것이다.

메이크업은 얼굴의 부위에 따라서 3단계로 나뉘어 진다. 얼굴의 피부색을 표현해 주는 가장 기초적인 베이스 메이크업(Base Makeup)과 눈과 입술, 볼 등에 색감을 더해주는 포인트 메이크업(Point Makeup), 얼굴과 다른 부분과의 조화를 고려하여 분백분을 한 번 더 발라 마무리하는 피니쉬 메이크업(Finish Makeup)이다.

가장 기초적인 단계는 베이스 메이크업이다. 사람마다 피부색이 다르기 때문에 같은 파운데이션을 바르더라도 모든 사람에게 동일하게 나타나지 않는다. 먼저 피부색을 조절해 주는 메이크업 베이스를 발라주고 자신의 피부색에 맞추어 파운데이션을 선택하여 바른 다음 콤팩트를 발라 피부 결을 정돈해 피부색을 아름답게 표현해 준다.

얼굴을 보다 입체적으로 나타내기 위해서는 T존 부위(이마, 콧등, 턱 부위)와 눈 아래 부위를 조금 밝게 표현해 준다. 전체적인 얼굴 윤곽은 어둡거나 밝은 파운데이션을 이용하여 계란형으로 또렷하게 나타나도록 수정 메이크업을 한다.

포인트 메이크업은 부위별로 아이 메이크업, 립 메이크업, 치크 메이크업으로 구분된다. 아이 메이크업은 먼저 아이섀도를 발라 입체감과 아름다움을 주고 아이라인과 마스카라로 윤곽을 뚜렷하게 표현해 깊이 있는 눈매와 아름다움을 강조해 준다. 눈썹은 총체적인 얼굴의 이미지를 결정하는 중요한 부분이다. 여러 형태의 눈썹 가운데 표준형 눈썹은 어떤 얼굴형에도 잘 어울린다.

립 메이크업은 색상계열에 따라 메이크업 이미지가 달라진다. 일반적으로 포인트 메이크업의 색상과 범위가 전체적인 메이크업 디자인을 결정하는 것이라고 해도 과언이 아니다. 이렇게 결정된 메이크업 이미지가 다른 사람에게 전달되어 그 사람만의 독특한 이미지로 인식된다.

치크 메이크업은 얼굴의 건강미와 여성다움을 더해 주는 화장으로 바르는 위치에 따라 전체적인 이미지가 다르게 느껴진다. 기본적인 위치에 블러셔의 뭉침이 없도록 펴 바르는 것이 중요하다.

피니쉬 메이크업은 화장한 상태를 종합적으로 살펴보고 얼룩이나 경계진 부분에 분백분을 한 번 더 발라 마무리해 주는 단계이다.

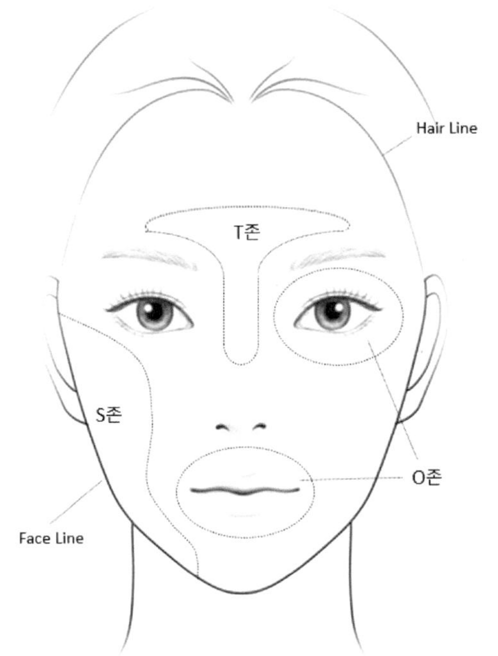

〈그림 6-1〉 얼굴의 각부 명칭

〈표 6-1〉 메이크업 순서

종 류	특 징
클렌징 (Cleansing)	1. 포인트 메이크업 클렌징 2. 베이스 메이크업 클렌징
베이스 메이크업 (Base Makeup)	1. 메이크업 베이스 2. 파운데이션 3. 컨실러 또는 서클 라이트너(Circle Lightener) 4. 하이라이트와 섀이딩 5. 파우더

포인트 메이크업 (Point Makeup)	1. 아이 메이크업 : 아이섀도, 아이라인, 마스카라, 속눈썹 심기 또는 붙이기 2. 아이브로우 메이크업 : 눈썹의 브러싱, 트리밍, 트위징, 필링 3. 립 메이크업 : 립펜슬, 립스틱, 립글로스 4. 치크 메이크업 : 블러셔
피니쉬 메이크업 (Finish Makeup)	파우더와 리터치(Powder & Re-touch) 전체적으로 얼룩진 곳은 없는지 점검해 보고, 분백분으로 목과 얼굴의 경계선을 없애 주어 마무리

1. 메이크업 클렌징

1.1. 포인트 메이크업 클렌징

1) 립 클렌징

- 코튼(cotton)에 클렌징을 얇게 펴 바른다.
- 코튼을 입술 위치에 잘 맞도록 올려놓는다. 왼손으로 왼쪽구각을 가볍게 눌러 떨어지지 않도록 한다.
- 입술의 양 구각에 힘을 주듯 하여 가볍게 3번 정도 누른다.
- 왼쪽에서 오른쪽으로 가볍게 닦아낸다.
- 코튼을 반으로 접어 구각을 닦는다.
- 티슈를 반 접어 입술중앙에 끼워 좌우로 닦아 마무리한다.

2) 아이메이크업 클렌징

- 코튼을 반으로 접어 클렌징 제품을 적당량 펴 바른다.
- 중지로 눈두덩을 가볍게 잡아당긴 다음 속눈썹이 난 바로 윗부분에 코튼을 밀착시켜 올려놓는다.
- 왼손 중지는 코튼을 가볍게 잡고 3번 정도 가볍게 누른다.

- 왼손 중지로 눈앞머리 부분을 가볍게 당겨 긴장시킨 다음 안쪽에서 바깥쪽으로 닦는다.
- 코튼을 반으로 접어 위에서 아래 방향으로 닦고, 눈썹화장의 여분과 아래 눈꺼 풀 주변을 깨끗이 닦는다. 이외에도 눈꼬리, 눈앞머리를 닦는다.

1.2 베이스 메이크업 클렌징

- 클렌징을 손등에 덜어 놓은 다음 체온으로 따뜻하게 녹여 준 다음 클렌징하거나, 로션 타입인 경우는 코튼에 덜어 피부결을 따라 닦아 내도록 한다.
- 화장수를 사용하여 피부에 남아있는 세안제의 잔여분을 말끔히 닦아내고 각질을 부드럽게 하고 피부의 pH밸런스를 맞추어 피부톤을 정리해 준다. 코튼에 제품을 덜어 가볍게 닦아내듯이 안에서 바깥쪽으로 피부 결을 따라 바른다.

2. 베이스 메이크업

2.1. 피부톤

개인의 피부톤에 메이크업 색상을 정확히 맞추기 위해서는 얼굴에 대한 분석이 필요하다. 얼굴을 분석할 때는 4가지 기본적인 단계, 즉 섀이드(Shade), 언더톤(Under Tone), 색조의 다양성(Tonal Variations), 변색(Discolorations)에 대한 이해가 필요하다.

1) 섀이드

얼굴색은 밝은 부분과 어두운 부분, 즉 명암을 가지고 있다. 얼굴 분석의 첫 단계인 섀이드란 베이스의 명암을 나타내는 것으로, 그레이 스케일(Gray Scale)을 사용하여 시각화할 수 있다. 아래 그림은 그레이 스케일의 명암을 보여주는 것으로, 10은 화이트, 0은 블랙을 의미하며 각각 10%씩 명암차이가 난다. 모든 사람 얼굴의 섀이드 또한 그레이 스케일로 표현될 수 있다. 크게 라이트(Light), 미디엄 라이트(Medium Light), 미디엄(Medium), 미디엄 다크(Medium Dark), 다크(Dark)의 5단계로 나누기도 한다.

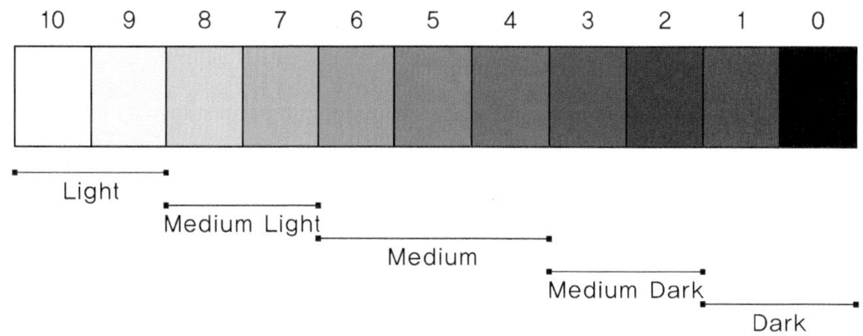

〈그림 6-2〉 그레이 스케일

2) 언더톤

얼굴분석 두 번째 단계는 언더톤을 찾는 것이다. 언더톤은 본래의 피부색을 의미하는 것으로, 피부색은 갈색의 멜라닌(Melanin), 노란색의 카로틴(Carotene), 적색의 헤모글로빈(Hemoglobin)과 소량의 푸른 색소, 각질(피부의 투명감) 등에 따라 결정된다. 특히 멜라닌은 외관상 인종의 차이에 의해 크게 결정되는 색소로, 갈색 피부나 검은 피부는 멜라닌 색소의 함량이 많기 때문에 나타나는 결과이다. 멜라닌 색소는 또한 기미, 주근깨, 검버섯, 점으로 나타나며 선탠을 하거나 햇볕에 노출되면 양이 증가한다.

즉 적색, 황색, 청색, 흰색, 흑색의 5가지 색의 밸런스에 따라 나타나는 언더톤은 핑크에서 레드에 해당하는 '러디'(Ruddy)부터 옐로 그린에서 그린 옐로에 해당하는 '올리브'(Olive)까지를 말하며, 경우에 따라 블루가 포함될 수 있다.

따라서 언더톤에 의해 분류되는 일반적인 피부톤은 핑크 계열(Pink Tone)인 흰피부(Ivory Skin), 희고 붉은 피부(Ruddy Skin)와 오커 계열(Ocher) 계열인 노르스름한 피부(Olive Skin), 짙은 황갈색 피부(Tawny Skin)이다.

또한 퍼스널 컬러 진단을 위한 Seasonal Color System의 분류에 의하면 언더톤은 옐로를 바탕으로 한 옐로 베이스(Yellow Base) 그룹, 블루를 바탕으로 한 블루 베이스(Blue Base) 그룹, 푸른색이나 노란색이 균형 있게 들어있는 듯한 느낌을 주는 노 베이스(no base) 그룹으로 나뉘기도 한다.

정확한 언더톤의 차이를 알아내기 위해서는 좋은 조명이 필수적이며, 언더톤을 보는 능력을 기르기 위해 흰 종이 위에 파운데이션을 소량 발라 색감을 느끼는 연습을 하는 것도 도움이 될 수 있다. 또한 메이크업을 할 때 모델의 화려한 색상의 옷이 정확한 언더톤을 보는데 방해가 될 수 있으므로, 모델에게 흰색 커버를 사용한 후 메이크업하는 것이 좋다.

3) 색조의 다양성

색조의 다양성은 밝고 어두운 정도와 피부의 컬러 특성의 다양함을 말한다. 이는 정상적인 것으로 헤어라인 부분은 조금 어둡고, 눈썹 뼈와 코는 더 밝다. 코와 볼 부위는 눈동자나 입술 주변보다 더 붉은 것을 알 수 있다. 한 얼굴에서도 붉거나 노르스름한 부분이 있을 수 있다. 색조의 다양함을 수정하기 위해서 적절한 파운데이션을 선택하는 것이 중요한데, 붉은 부위에 발라보아 다소 차분하게 표현해주는 것이나 노르스름한 부위에 따뜻한 느낌을 주거나 보다 어두운 부분을 밝게 하고 보다 밝은 부분을 어둡게 할 때도 파운데이션으로 조절가능하다.

4) 변색

얼굴 분석 시 네 번째 단계는 뚜렷한 변색(Discoloration)을 찾는 것이다. 뚜렷하게 색이 다른 부분이나 점, 검버섯, 기미, 타박상, 여드름, 백반증, 특수한 피부결점 등 선명한 흔적들을 찾아 메이크업 베이스 단계에서 컨실러 또는 펜슬 형태의 스폿 커버(Spot Cover)와 파운데이션으로 커버하여 깨끗하게 피부를 표현하는 것이 중요하다. 이러한 커버 메이크업을 카무플라주 메이크업(Camouflage Makeup)이라 한다.

모반이란 선천적으로 생긴 피부이상으로, 멜라닌계와 혈관계 모반으로 분류된다. 멜라닌계 모반은 표피 멜라닌 세포의 이상으로 생긴 경우 첫째, 세포 기능 항진에 의해 편평모반, 다층 색소 침착, 오타 모반 상층 색소반, 주근깨, 검버섯이 나타나고, 둘째 세포 기능 저하에 의해 백반증이 나타난다. 또한 진피 멜라닌 세포의 이상으로 생긴 경우 첫째 세포 기능 항진에 의해 청색 모반, 몽고 반점, 오타 모반의 다층 색소반이 나타나고, 둘째 진피 모반이 세포에 존재하는 경우 다층 모반, 세포성 모반, 흑자가 나타난다. 한편 혈관계 모반은 모세혈관 확장증, 단순 혈관종, 화염성 모반 혈관종, 해면상 혈관종, 주사비가 나타난다.

화염성 모반의 원인은 피부의 진피 상부에 위치하는 혈관 형성이상이다. 그 유형은 피부에 융기나 함몰 없이 분홍색 또는 암적색의 반점이 발생해 커지는 것으로, 무수히 많은 모세혈관이 확장된 형태이며 1000명 당 3명 정도 나타나는 흔한 질환이다.

오타 모반의 원인은 아직 정확하게 밝혀지지 않았으나 선천적이거나 유전적인 요인이 작용하는 것으로 추측된다. 오타 모반의 유형은 갈색 또는 흑청색의 반점이 주로 한쪽 눈 주위, 관자놀이, 이마, 코에 나타나는 점의 일종으로, 남성보다 여성 환자가 2-5배 많다. 피부 속 깊은 진피층 까지 있어 메이크업이 진해지는 것이 보통이다. 또한 한국인과 일본인에게 더 빈번하게 나타난다.

백반증의 원인으로는 자가 면역설, 신경체액설, 멜라닌 세포 자가 파괴설이 있다. 백반증은 주변부와의 경계가 명확한 백색 반점 또는 탈색반으로, 얼굴, 눈, 코 등의 노출부위, 성기주위, 서해부 등 접히는 부위, 화상 등으로 인한 상처부위 등에 잘 생긴다.

붉은 점은 붉은 기의 파운데이션을 사용하여 붉은 기운으로 조정하고, 푸른 점은 노란 기운과 하얀 기운으로 조정하며, 흰색 점은 노란 기운과 붉은 기운의 밝은 색과 고동색으로 조정한다.

▸ 피부결점 커버 순서

① 피부결점의 종류를 파악하고 파운데이션 컬러를 선택한다.
② 결점과 기본 피부의 경계선을 조절한다.
③ 기본 피부색으로 결점 가운데부터 바깥쪽으로 커버한다.
④ 각 결점에 맞게 파운데이션으로 리터치한다.
⑤ 파우더를 충분히 발라준다.
⑥ 메이크업의 밀착력과 지속력을 높이기 위해 워트 스프레이를 뿌려준다.

5) 피부톤 맞추기

다양한 베이스를 매치시키고 베이스를 혼합하는 방법을 이해하기 위해서는 태양에 노출된 정도를 의미하는, 팔 안쪽과 바깥쪽과 같은 색상차를 알아야 한다. 어떤 베이스도

한 가지 파운데이션으로 표현할 수 없으므로 두 가지 이상 혼합해 사용해야 한다. 여러 컬러들을 혼합할 때는 메이크업 팔레트를 이용한다.

페이스 메이크업의 기본 베이스는 목 색상에 맞춘다. 얼굴은 태양에 노출되어 어둡거나 잡티가 많으므로 그대로 베이스 컬러를 맞출 경우, 목 색상과의 부조화가 생길 수 있기 때문이다.

2.2. 퍼스널 컬러 진단

1) 목적 및 의의

사람의 첫인상은 5-7초 사이에 결정된다. 첫인상은 겉으로 보이는 전체적인 인상, 차림새로 결정되며 첫인상이 인생의 당락에 가장 잘 적용되는 예는 '면접'을 들 수 있다. 차림새는 실루엣(옷차림), 의상 색, 메이크업 패턴(Makeup Pattern), 헤어 패턴(Hair Pattern)으로 분류되며 때와 장소, 상황에 어울리는 차림새가 중요하다.

잘 어울리는 컬러 하모니를 연출하는 것이 외모를 돋보이게 한다. 우리가 어떤 사람을 판단할 때 보통 외모가 55%를 차지하고 동작, 행위, 이야기의 형식이 약 38%, 이야기의 내용이 약 7%를 차지한다. 따라서 외모가 차지하는 비율이 높기 때문에 외모의 하모니가 중요하고, 이 때 색이 미치는 영향은 상당히 크다고 할 수 있다. 색은 그 사람에게 잘 어울려서 좋은 인상을 형성해 줄 수 있으며, 반대로 어울리지 않는 색으로 인해 부정적 인상을 줄 수 있다.

컬러 코디네이트(Color Coordinate)는 컬러를 이용해 자신에게 어울리는 컬러를 분석하는 일이다. 자신에게 어울리는 최선의 컬러를 찾기 위해 퍼스널 컬러 진단이 필요하다. 퍼스널 컬러는 개인이 타고난 신체 고유의 색상을 의미하는데, 퍼스널 컬러 진단은 피부색과 모발색이 기준이 되며, 개인에 따라 조화로운 색이라는 것은 객관적으로 보아 젊음이 넘치고 건강하게 보이는 색, 명랑하게 보이는 색이다. 퍼스널 컬러를 포함한 모든 색이 상대적이고 빛이나 주변색, 의복과 화장품의 변화에 따라 달라 보이고 특히 피부색은 아주 미묘한 차이가 있으므로 많은 연습이 요구된다.

2) 발전 과정

퍼스널 컬러는 피부색과 모발색에 따라 어울리는 색이 다르지 않을까라는 의문을 가졌던 요하네스 이텐(Johanes Itten, 1888-1967)에 의해 계절색(Seasonal Color)에 대한 이론이 시작되었다.

인테리어 색채 연구가 로버트 도어(Robert Dorr)는 다색 배색조화에서 Color Key Program을 제안하여 색상을 Key1:블루 베이스(Blue base)와 Key2:옐로 베이스(Yellow base)로 나누었으며 1980년 다이아나 반스(Diana Barnes)와 수잔 케질(Suzanne Caygill)에 의해 시즈널 컬러 시스템(Seasonal Color System)이 확립되었다.

컬러 진단은 미국의 캐롤 잭슨(Carole Jackson)의 「Color Me Beautiful」(1987)이라는 책에서 최초로 언급되었다. 이로써 주목을 받게 된 컬러 진단은 패션업계, 매스컴 업계에 도입이 되었고, 영화배우 출신의 미국 대통령이었던 레이건(Ronald Reagan)과 그의 부인 낸시(Nancy Reagan) 여사도 전문가의 컬러 진단을 받고 TV에 출연하였다고 한다. 상반신 신(Scene)이 많은 뉴스 진행자들은 특히 컬러 진단이 필요하다. '상의'는 피부와 직결되어 인상형성에 영향을 미치기 때문이다.

일본은 1980년대에 미국의 퍼스널 컬러가 소개되었고, 블루 베이스와 옐로 베이스 외에 노 베이스(No Base) 컬러를 도입하여 퍼스널 컬러 진단(Personal Color Analysis)을 확립하였다. 우리나라에는 2000년에 이르러 미용학계의 주목을 받았고 최근 일반인들에게도 알려지고 있다.

3) 퍼스널 컬러 진단

퍼스널 컬러 진단(Personal Color Analysis)은 피부색과 모발색, 그리고 색의 대비에 따라 퍼스널 컬러 타입을 결정한다. 이는 캐롤 잭슨의 시즈널 컬러 시스템 이론이 개인적 특성의 다양성을 고루 반영하지 못한다는 한계점을 보완하여 언더톤에 노 베이스 컬러(No Base Color)를 추가하고 색의 대비를 이용하여 퍼스널 컬러를 결정한다.

즉 퍼스널 컬러 타입은 기본 색상인 3패턴(Yellow Base, Blue Base, No Base)과 색의 대비인 4패턴(Light, Grayish, Vivid, Dark)의 조합으로 결정된다. 결과에 따라 YL(Yellow Base/Light), YG(Yellow Base/Grayish), YV(Yellow Base/Vivid), YD(Yellow Base/Dark), BL(Blue

Base/Light), BG(Blue Base/Grayish), BV(Blue Base/Vivid), BD(Blue Base/Dark), NL(No Base/Light), NG(No Base/Grayish), NV(No Base/Vivid), ND(No Base/Dark) 타입으로 나뉜다.

(1) 퍼스널 컬러 진단 순서

퍼스널 컬러 진단을 위해 우선 피부색과 모발색을 살펴보고, 베이스 컬러(Y.B.N)를 찾기 위해 퍼스널 컬러 진단용 패브릭(Fabric)으로 1차 드레이핑을 한 후, 2차 드레이핑을 통해 톤을 분석한다. 최종적으로 컬러 타입을 결정한다.

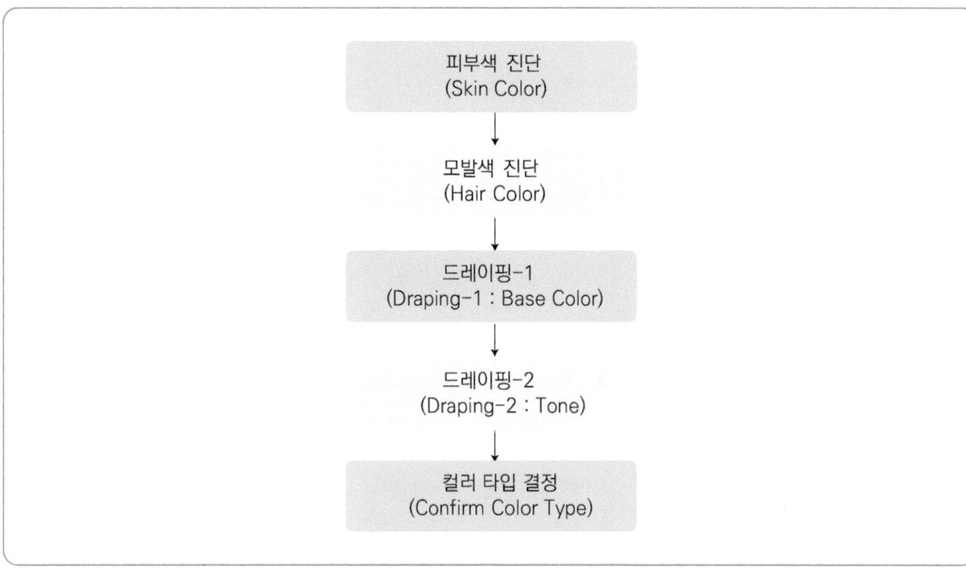

〈그림 6-3〉 퍼스널 컬러 진단 순서

(2) 언더톤

퍼스널 컬러 진단의 기본이 되는 피부의 언더톤은 옐로를 바탕으로 한 옐로 베이스 그룹, 블루를 바탕으로 한 블루 베이스 그룹, 푸른색이나 노란색이 균형 있게 들어있는 듯한 느낌을 주는 노 베이스 그룹으로 나뉜다.

▸ 피부의 언더톤

〈표 6-2〉 피부 언더톤의 이미지와 컬러

베이스 컬러	이미지	기본컬러	대표컬러	파스텔컬러
옐로 베이스	따뜻함 건강함			
블루 베이스	도회적 세련됨 차가움 샤프함 지적			
노 베이스	중간적 정통적 퓨어함			

▸ 피부색의 분포

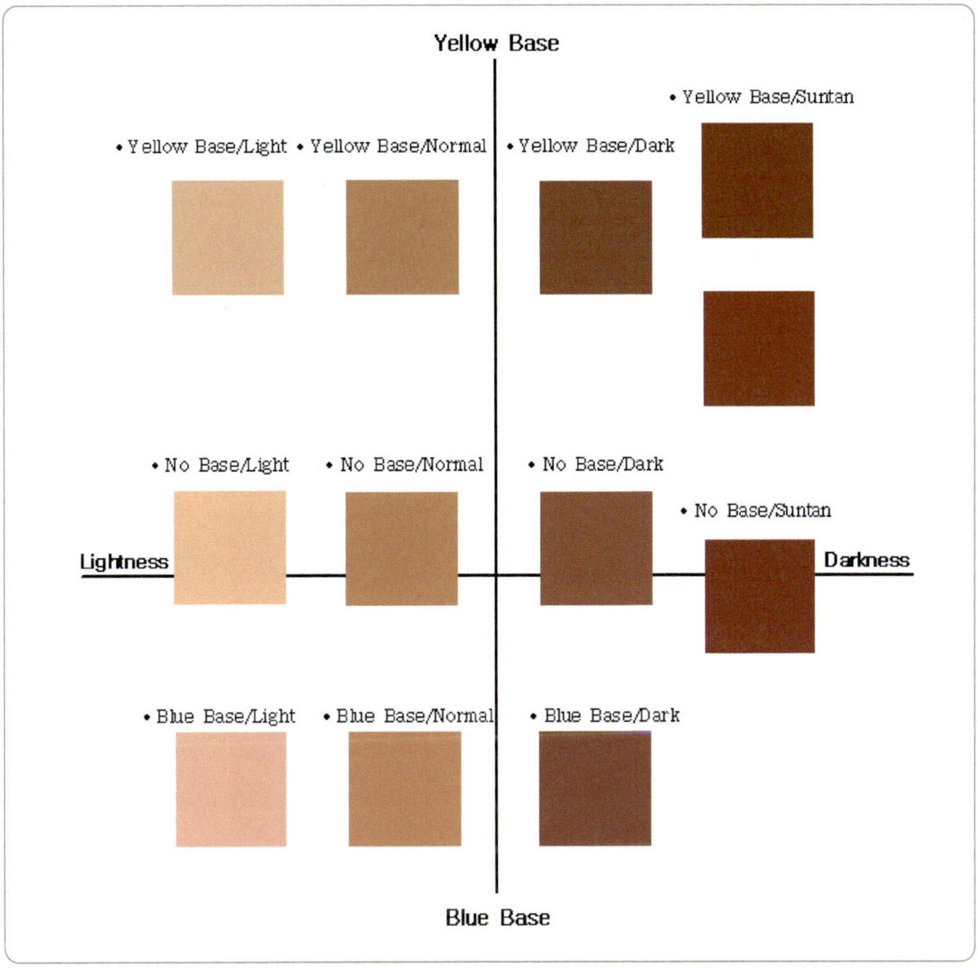

〈그림 6-4〉 피부색의 분포

▸ 모발색

모발색은 멜라닌 색소의 함량 정도에 따라 결정된다. 멜라닌 색소는 머리카락을 착색시키고, 두피를 과도한 자외선으로부터 보호해준다. 멜라닌 색소 중에서도 유멜라닌(Eumelanin)은 일반적으로 어두운 색소로 블랙과 브라운 컬러와 관련이 있으며, 옐로와 레드 컬러의 멜라닌인 페오멜라닌(Pheomelanin)은 좀 더 밝은 색소로 블론드, 오렌지, 레드 컬러로 나타난다. 또한 모발을 구성하는 화학물질인 아미노산 중에서 타이로신(Tyrosine)

은 블랙 멜라닌, 레드 멜라닌, 혼합 멜라닌의 과립(Granule)을 형성하여 그 분포와 양에 따라 머리카락의 밝기를 결정한다.

모발색은 동양인의 경우 블랙, 브라운, 그레이로 분류할 수 있다.

〈표 6-3〉 베이스 컬러에 따른 모발색의 특징

베이스 컬러	모발색	특징	모발색	특징
옐로 베이스		• Br-3 오렌지계의 모발.		• Br-4 옐로계의 모발.
블루 베이스		• Bk-1 매우 검은 모발로 광택이 있다.		• Bk-2 검고 가는 모발로 무게감이 없다.
		• Gy-1 광택없고 매트한 검은 모발.		• Gy-2 가늘고 흰 모발이 섞인 모발.
노 베이스		• Br-1 블랙과 브라운의 중간정도.		• Br-2 와인(레드)계의 모발.

▸ 눈동자색

눈동자색은 눈의 홍채(iris)에 들어있는 멜라닌 색소로 결정된다. 동양인의 경우 거의 블랙과 브라운의 중간으로 분류된다.

비율이 작기 때문에 퍼스널 컬러로는 원칙적으로 고려하지 않으나 옅은 브라운이나 헤이절(hazel:옅은 푸른색이 가미된 브라운) 등 인상적인 눈동자 색의 경우는 고려해야 한다.

〈표 6-4〉 눈동자색에 따른 고려사항

영향	고려사항	눈동자색		
적은색		 블랙	 다크 브라운	
많은색	• 베이스 컬러나 컨트라스트를 수정한다.	 미디엄브라운	 헤이절	 그레이

(3) 색의 대비

색의 대비(Contrast)는 피부색과 머리카락 색과의 명도 차이와 눈의 특징으로 상대적으로 판단한다. 우선 피부색과 모발색의 조화표에 따라 기준 대비를 결정한 다음, 눈의 특징에 따라 미세하게 조정함으로써 최종적인 대비를 결정한다.

▶ 피부색과 모발색의 명도차

피부의 색이 밝고, 머리카락 색이 어두울수록 그 명도차는 커지며, 명도차가 클수록 색의 대비 또한 커진다.

▶ 눈의 특징

- 우선 순위는 눈의 크기, 눈과 눈썹의 관계이다.
- 눈이 큰 사람은 대비가 약간 커진다.
- 눈썹이 짙고 확실한 사람도 대비는 약간 커진다.
- 눈썹의 굵기는 눈의 크기에 맞춰 조정.
- 눈썹의 굵기는 유행에 따라 달라지므로 고려하지 않아도 된다.
- 눈과 눈썹의 간격이 좁은 사람은 대비가 비교적 커진다.
- 눈과 눈의 간격이 넓은 사람은 대비가 약간 작아진다.

- 윤곽이 뚜렷한 사람은 대비가 약간 커진다.
- 대비가 큰 사람은 채도가 높은 톤의 그룹이 어울리고,
- 대비가 작은 사람은 채도가 낮은 톤의 그룹이 어울린다.

(4) 퍼스널 컬러 타입

피부색과 모발색, 그리고 색의 대비에 따라 퍼스널 컬러 타입을 결정한다. 퍼스널 컬러 타입은 기본 색상인 3패턴(Yellow Base, Blue Base, No Base)과 색의 대비인 4패턴(Light, Grayish, Vivid, Dark)의 조합으로 결정한다.

〈표 6-5〉 색의 대비와 베이스 컬러의 관계

색의 대비	특징	Yellow Base	Blue Base	No Base
Light	밝다.	○	○	△
Grayish	칙칙하고 온화하다.	–	△	–
Vivid	선명하다.	◎	◎	◎
Dark	어둡다.	○	○	○

◎:특히 많다. ○:많다. △:약간 적다. –:거의 없다.

① YL(Yellow Base/Light) 타입

- 특징 : 색의 대비가 낮고, 밝고 따스한 느낌.
- 컬러 샘플 : 노란 느낌이 있는 맑고 밝은 색이라면 어울린다.
- 컬러 코디 테크닉 : 파스텔 톤, 베이지나 밝은 브라운.
- 메이크업 : 베이지, 연오렌지계. 푸른빛이 강한 로즈계는 피한다.
- 액세서리 : 비교적 약한 골드 액세서리. 볼륨감 있는 것 피하고, 섬세한 것이 좋다.
- 피해야 할 색 : 블루 베이스 이면서 어두운 색. 검정은 무거운 느낌을 주므로 스카프나 액세서리, 소재감 사용.

② YG(Yellow Base/Grayish) 타입

- 특징 : 색의 대비가 중간정도. 부드럽고 온화한 느낌.
- 컬러 샘플 : 옐로 베이스로 그레이시한 중후감이 있는 색.
- 컬러 코디 테크닉 : 그레이시한 옐로 베이스색, 바랜 듯한 색이 어울리는 타입. 전통적인 취향(에스닉한 분위기)으로 마무리하면 개성적이다.
- 메이크업 : 베이지, 브라운계가 잘 어울린다.
- 액세서리 : 매트한 골드. 아이보리나 목재를 사용한 천연소재
- 피해야 할 색 : 블루 베이스의 선명한 색. 강한 대비의 패션을 주의한다.

③ YV(Yellow Base/Vivid) 타입

- 특징 : 색의 대비가 높고, 건강하고 활발한 인상. 블루 베이스의 비비드(BV)보다는 대비가 약간 낮다.
- 컬러 샘플 : 옐로 베이스의 신선한 색을 중심으로 밝은색이나 다크톤에서도 선택.
- 컬러 코디 테크닉 : 탁함이 없는 투명한 색. 오렌지가 특히 잘 어울린다.
- 메이크업 : 오렌지계의 밝은 색이 잘 어울린다.
- 액세서리 : 광택 있는 골드, 동(銅)의 메탈릭한 색도 개성적이다.
- 피해야 할 색 : 블루 베이스의 칙칙한 색.

④ YD(Yellow Base/Dark) 타입

- 특징 : 색의 대비가 중간 또는, 중간보다 약간 높음. 선탠한 사람은 오히려 머리가 밝아 보인다.
- 컬러 샘플 : 다크톤의 심도있는 색이라면 거의 어울린다.
- 컬러 코디 테크닉 : 브라운계가 잘 어울린다.
- 메이크업 : 오렌지계에서 브라운계의 심도있는 색.
- 액세서리 : 골드, 호박(amber), 동(銅).
- 피해야 할 색 : 블루 베이스의 연한 색. 짙은 색도 투명감 있는 것은 어울리지만 탁함을 느끼는 색은 피하는 것이 좋다.

⑤ BL(Blue Base/Light) **타입**

- 특징 : 색의 대비가 가장 낮고 섬세한 인상.
- 컬러 샘플 : 파스텔조의 부드럽고 옅은 색이 어울린다.
- 컬러 코디 테크닉 : 명도가 높은 색끼리 코디. 부드러운 코디가 좋다.
- 메이크업 : 파스텔조, 글로시, 펄감도 잘 어울린다.
- 액세서리 : 실버계통, 투명하고, 섬세한 유리공예 같은 액세서리.
- 피해야 할 색 : 너무 선명한 색, 어둡고 무거운 색.
  사용하려면 얼굴과 멀리 떨어져 사용, 얇은 소재를 사용한다.

⑥ BG(Blue Base/Grayish) **타입**

- 특징 : 색의 대비가 중간 정도로 안정되고 온화한 인상.
- 컬러 샘플 : 그레이시톤의 온화하고 고급스런 색이 어울린다.
- 컬러 코디 테크닉 : 그레이를 중심으로 약간의 차가 있는 콘트라스트 코디. 중간 정도의 대비이므로 너무 연한 색은 피한다.
- 메이크업 컬러 : 내추럴한 메이크업. 너무 연한 색이나 선명한색은 주의한다.
- 액세서리 : 매트한 실버계.
- 피해야 할 색 : 너무 선명한 색과 옐로 베이스 컬러를 피한다. 옐로 베이스는 약간 짙은 베이지 컬러에서 선택한다.

⑦ BV(Blue Base/Vivid) **타입**

- 특징 : 색의 대비가 가장 높고, 차갑고 지적인 인상.
- 컬러 샘플 : 신선하고 선명한 색을 중심으로 밝은 톤도 어울린다.
- 컬러 코디 테크닉 : 흰색과 검정, 라이트톤/비비드톤의 차이가 있는 코디.
- 메이크업 : 투명감 있는 컬러. 라인을 확실히 살려주도록 한다.
- 액세서리 : 광택감 있는 실버계, 볼륨감 있는 액세서리.
- 피해야 할 색 : 칙칙한 색, 특히 옐로 베이스의 칙칙한 색은 피한다.

⑧ BD(Blue Base/Dark) 타입

• 특징 : 색의 대비가 약간 높고, 신뢰감을 주는 인상.
• 컬러 샘플 : 깊이감이 있고, 고급스런 느낌의 색이 어울린다.
• 컬러 코디 테크닉 : 검정색이 잘 어울린다. 선명한 색을 악센트로 사용한다.
• 메이크업 : 깊이 있는 컬러가 중심. 와인계가 잘 어울린다.
• 액세서리 : 광택 있는 금속성 실버계, 라임 스톤. 심도 있는 색.
• 피해야 할 색 : 옐로 베이스의 연한색.

⑨ NL(No Base/Light) 타입

• 특징 : 색의 대비가 낮고 아름다운 인상.
• 컬러 샘플 : 라이트톤의 밝은 색이면 잘 어울린다.
• 컬러 코디 테크닉 : 밝은색, 연한 색. 블루 베이스도 옐로 베이스도 사용.
• 메이크업 : 파스텔색조, 블루 베이스의 연한 색. 펄, 글로시한 것.
• 액세서리 : 실버, 골드. 화이티쉬 골드. 투명감 있는 액세사리.
• 피해야 할 색 : 너무 선명한 색, 어두운 색.

⑩ NG(No Base/Grayish) 타입

• 특징 : 색의 대비가 중간 정도이고, 마일드한 인상. 거의 볼 수 없는 타입.
• 컬러 샘플 : 그레이시톤의 부드러운 색이라면 거의 어울린다.
• 컬러 코디 테크닉 : 중간명도의 소프트한 색 사용. 밝은 색과 조합해도 좋다.
• 메이크업 : 내추럴 한 메이크업. 베이지나 브라운은 약간 붉은색 선택.
• 액세서리 : 실버, 골드. 화이티쉬 골드(whitish gold).
• 피해야 할 색 : 너무 선명한 색.

⑪ NV(No Base/Vivid) 타입

• 특징 : 색의 대비가 높고, 활발한 인상.
• 컬러 샘플 : 선명한 색이라면 잘 어울린다.
• 컬러 코디 테크닉 : 선명한 색. 색 선택의 폭이 가장 넓은 타입.
• 메이크업 : 어떠한 색을 사용해도 비교적 어울리는 타입. 어두운 색은 피한다.
• 액세서리 : 실버, 골드, 골드펄.
• 피해야 할 색 : 칙칙한 색끼리의 조합.

⑫ ND(No Base/Dark) 타입

• 특징 : 색의 대비가 약간 높고, 안정된 인상, 어른스런 느낌.
• 컬러 샘플 : 다크톤의 깊이감 있는 어두운 색은 거의 어울린다.
• 컬러 코디 테크닉 : 어두운 색의 조합. 선명한 색과 함께 코디해도 잘 어울린다.
• 메이크업 : 선명한 색에서부터 심도 있는 색을 사용하며 칙칙한 색은 주의한다.
• 액세서리 : 실버, 골드, 심도 있는 색감의 것, 라임스톤.
• 피해야 할 색 : 연한 색, 연하면서 칙칙한 색.

2.3. 메이크업 베이스

1) 메이크업 베이스

메이크업 베이스(Makeup Base)는 기초화장 후 피부화장을 하기 전에 바르는 제품으로, 피부톤을 일정하게 조절하여 피부의 결점을 보완하고 피부에 인공 막을 형성하여 수분증발을 막아 보습효과를 주며, 파운데이션에 대한 피부보호와 밀착력을 높여주는 역할을 한다. 피부색에 따라 내추럴(Natural) 타입과 보정 효과가 있는 컨트롤(Control) 타입이 있으므로 알맞은 색상을 선택하여 라텍스 스펀지(Latex Sponge)를 이용하여 소량의 베이스를 얼굴 전체에 골고루 펴 바른다. 모공이 넓은 피부나 땀이 많아 메이크업이 쉽게 지워지는 피부에 프라이머를 사용하여 피부의 요철을 커버하고 메이크업의 지속력을 높이기도 한다.

2) 컨실러

컨실러(Concealer)는 눈 밑의 다크 서클(Dark Circle)이나 기미, 주근깨, 점, 여드름 등의 잡티와 피부 결점을 커버하는 제품으로, 메이크업 아티스트에 따라 파운데이션을 바르기 전 또는 후에 컨실러를 사용한다. 컨실러의 종류에는 펜슬, 리퀴드, 크림, 스틱형이 있으며 손가락이나 브러시 등을 이용하여 바른다.

컨실러의 색상 선택시 보색대비의 원칙을 따른다. 즉 다크 서클이 거무스름하면 옐로톤의 컨실러로 커버하고, 붉은 기가 있으면 그린톤의 컨실러로 커버한다.

2.4. 파운데이션

파운데이션은 피부색과 피부결점을 보완하고 자외선이나 먼지 등으로부터 피부를 보호하는 제품으로, 하이라이트와 섀도 컬러를 사용하여 얼굴에 컨투어링(Contouring, 명암 조절) 효과를 부여할 수 있다.

1) 파운데이션 선택 방법

▸ 목 피부색에 맞는 색상 선택

메이크업한 여성들 중에는 목은 목대로 얼굴은 얼굴대로 색상이 다른 경우가 더러 있다. 이것은 목이 얼굴 화장의 연장선상이라는 것을 염두에 두지 않기 때문으로 무심코 지나치기 쉽지만 보는 이에게는 한눈에도 부자연스러워 보인다. 외출 전에 빛이 잘 들어오는 곳에서 철저히 점검하도록 한다.

▸ T.P.O 에 맞게 선택

학교나 직장을 가는 여성들은 가벼운 메이크업이 잘 어울리므로 리퀴드 파운데이션을 선택하는 것이 좋고 저녁 모임을 위한 메이크업은 크림 파운데이션을 사용하는 것이 좋다. 또한 피부의 잡티를 커버하려면 스킨커버나 스틱 파운데이션을 사용하도록 한다.

▸ 자신의 피부 타입과 반대되는 파운데이션 선택

피부가 건조한 여성일 경우 사용감이 촉촉하고 트리트먼트 효과가 있는 제품을 선택하고 피지 분비가 많아 쉽게 화장이 지워지는 경우에는 매트한 사용감의 제품을 선택한다.

▸ 입체감 있는 피부 표현을 위한 파운데이션 선택

자신의 피부톤과 같은 색, 한 단계 밝은 색, 한 단계 어두운 색 등 세 가지 색상을 구비해 두면 완벽하게 입체감을 살린 피부 표현을 할 수 있다. 여의치 않다면 주로 사용하는 색과 한 단계 어두운색 두 가지로도 충분하다.

이마나 콧등처럼 나와 보이는 T존 부위에는 밝은 색을 발라 하이라이트(Highlight)를 주고, 볼 아래나 헤어라인 부분 등은 어두운 색을 발라 섀도(Shadow)를 주어 컨투어링을 해줌으로써 입체감을 부여한다. 여러 가지 색상을 자유롭게 섞어 자신의 피부색을 조절하여 사용한다.

▸ 계절에 따른 선택

계절에 따라 피부 상태도 변하게 되므로 추운 겨울에는 촉촉한 사용감의 파운데이션을 바른다. 더운 여름철에는 땀이나 물에 강하고 사용감이 가볍고 매트하며 자외선으로부터 피부를 보호해 주는 선 파운데이션을 사용한다.

2) 파운데이션 시술 방법

- 손에 너무 힘을 주지 말고 손목을 가볍게 회전하는 느낌으로 움직여 나간다.
- 얼굴 근육의 흐름을 따라 코를 중심으로 안에서 바깥쪽으로 펴 바른다. 피지분비가 적은 볼에서 시작하여 코, 턱, 이마, 눈 주위 순서로 바른다.
- 피부 두께가 얇은 눈 주위, 입 주위는 볼 부위보다 파운데이션 양을 적게 발라준다. 눈

주위나 입 주위는 펴 바른다는 느낌보다는 가볍게 토닥토닥 두드려 정성스레 바른다.

• 한꺼번에 많은 양을 바르지 말고 2-3회 나누어 조금씩 덧발라 주는 것이 뭉침없이 깨끗하게 피부 표현을 하는 요령이다.

• 바른 다음 손가락으로 눌러 보아 지문이 생기면 너무 두텁게 발라진 것이므로 티슈로 가볍게 눌러 닦아낸다. 스펀지를 사용할 경우 파운데이션 스펀지를 부드러운 티슈에 감싸 얼굴 전체에 가볍게 눌러 주면 자연스럽게 마무리된다.

3) 피부톤에 따른 파운데이션 선택

〈표 6-6〉 피부톤에 따른 파운데이션

피부톤		핑크 계열 (Pink Tone)		오커 계열 (Ocher Tone)	
		흰피부 (Ivory Skin)	희고 붉은 피부 (Ruddy Skin)	노르스름한 피부 (Olive Skin)	짙은 황갈색피부 (Tawny Skin)
피부특징		희고 화사한 피부	희면서 붉은 피부	노르스름하고 약간 창백한 피부	전체적으로 검은 피부
파운데이션 색상	본래 피부 색조 표현	피부색보다 짙은 핑크로 화사함 표현	피부색보다 옅은 핑크로 붉은기 낮춤	피부색보다 짙은 베이지를 발라 차분함 표현	피부색보다 옅은 오커게나 베이시로 자연스런 갈색 피부 표현
	결점보완 및 자연스런 표현	연한 베이지로 자연스럽게 표현	베이지, 브라운 계열로 얼굴의 붉은기 낮춘다.	피부색보다 밝은 핑크로 피부의 창백함 조절	핑크계열의 다소 짙은 색을 사용하여 들떠 보이지 않도록 한다.

4) 피부톤에 따른 메이크업 색상의 조화

〈표 6-7〉 피부톤에 따른 메이크업 색상

피부톤	핑크 계열 (Pink Tone)		오커 계열 (Ocher Tone)	
	흰피부 (Ivory Skin)	희고 붉은 피부 (Ruddy Skin)	노르스름한 피부 (Olive Skin)	짙은 황갈색피부 (Tawny Skin)
피부특징	혈색은 없으나 희고 환한 피부	희면서 붉은 피부	노르스름하고 약간 창백해 보이는 피부	전체적으로 검은 피부
피부표현	밝은 핑크	핑크	베이지	브라운
메이크업 베이스	핑크, 그린 (수정용)		옐로, 블루 (수정용)	
아이섀도	연퍼플, 연블루 그레이	블루 그레이	밝은 그린	카키
립스틱	핑크, 퍼플	와인	오렌지, 코럴	레드, 브라운
블러셔	핑크, 퍼플	브라운톤의 핑크	연오렌지, 코럴	브라운

2.5. 하이라이트 & 섀이딩

모델의 얼굴을 한 가지 파운데이션으로 메이크업할 경우 너무 평면적으로 보일 수 있으므로, 베이스 컬러 이외에 하이라이트와 섀도 컬러로 얼굴의 명암을 살려 입체감 있는 컨투어링을 표현할 수 있다. 또한 하이라이트와 섀도 컬러를 이용하여 선천적(유전, 돌연변이 등), 후천적(노화, 사고 등) 요인에 의한 얼굴의 결점을 수정할 수 있다.

1) 원리

사람의 눈은 사물에 빛이 비추었을 때 사물의 모양과 색상을 인식할 수 있다. 사면체와 원기둥에 조명을 비추고 비교해 보면, 다음과 같은 차이점을 알 수 있다. 즉 사면체는 면들이 각을 이루고 있기 때문에 조명이 비추는 곳은 밝고 그렇지 않은 곳은 어두운, 극단적인 차이를 보여준다. 그러나 원기둥은 면이 둥글게 되어 있기 때문에 조명이 비추는 곳과 그렇지 않은 곳 사이에 중간 단계가 존재한다. 이러한 단계적 변화를 그러데이션(Gradation)이라고 한다.

〈그림 6-5〉 원기둥과 사면체의 하이라이트 & 섀도

2) 메이크업 적용

인체는 원기둥과 같이 전체적으로 둥근 형태를 가진다. 따라서 인체는 밝은 곳(Highlight)과 어두운 곳(Shadow), 그리고 그 사이의 중간단계들이 존재한다〈그림 6-6〉. 메이크업을 할 때는 이러한 원리를 생각하며 파운데이션, 아이섀도, 블러셔 모든 부분에서 하이라이트와 섀도 사이에 중간 단계가 존재할 수 있도록 자연스럽게 연결해주는 그러데이션 기법이 필요하다. 예를 들어 〈그림 6-7〉과 같이 볼 뼈는 원기둥 형태로 되어 있으므로 볼 뼈 윗부분은 파운데이션의 하이라이트를, 아랫부분은 섀도 컬러를 발라주고 볼 뼈 가운데 부분에 블러셔를 정확히 바른 후 아래쪽으로 살짝 그러데이션 시켜주어야 한다.

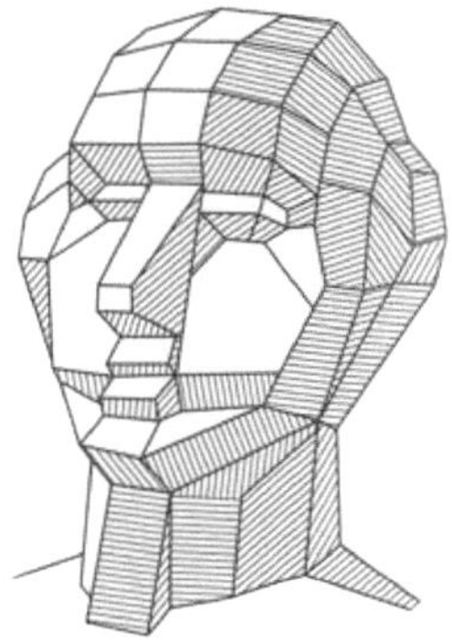

〈그림 6-6〉 얼굴의 하이라이트 & 섀도

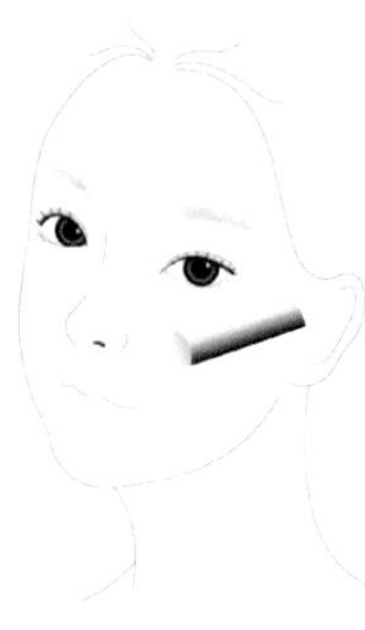

〈그림 6-7〉 볼뼈의 하이라이트 & 섀도

얼굴의 하이라이트 부분은 T존, 눈두덩, 눈 밑 뼈, 볼 뼈 윗부분, 턱의 튀어나온 부분이며, 섀도 부분은 헤어라인, 눈의 홀 라인, 코 벽, 코 볼, 관자놀이, 볼 뼈 아랫부분, 입술 아래 움푹 들어간 곳, 턱 선이다.

특히 주의할 점은 첫째, 코에 하이라이트를 바를 때 너무 가늘게 하면 날카로워 보이고, 두껍게 하면 코가 커 보이므로 새끼손가락을 옆으로 세운 정도의 굵기로 발라주며 코 벽의 섀도 컬러와 그러데이션이 되도록 경계선을 없애준다.

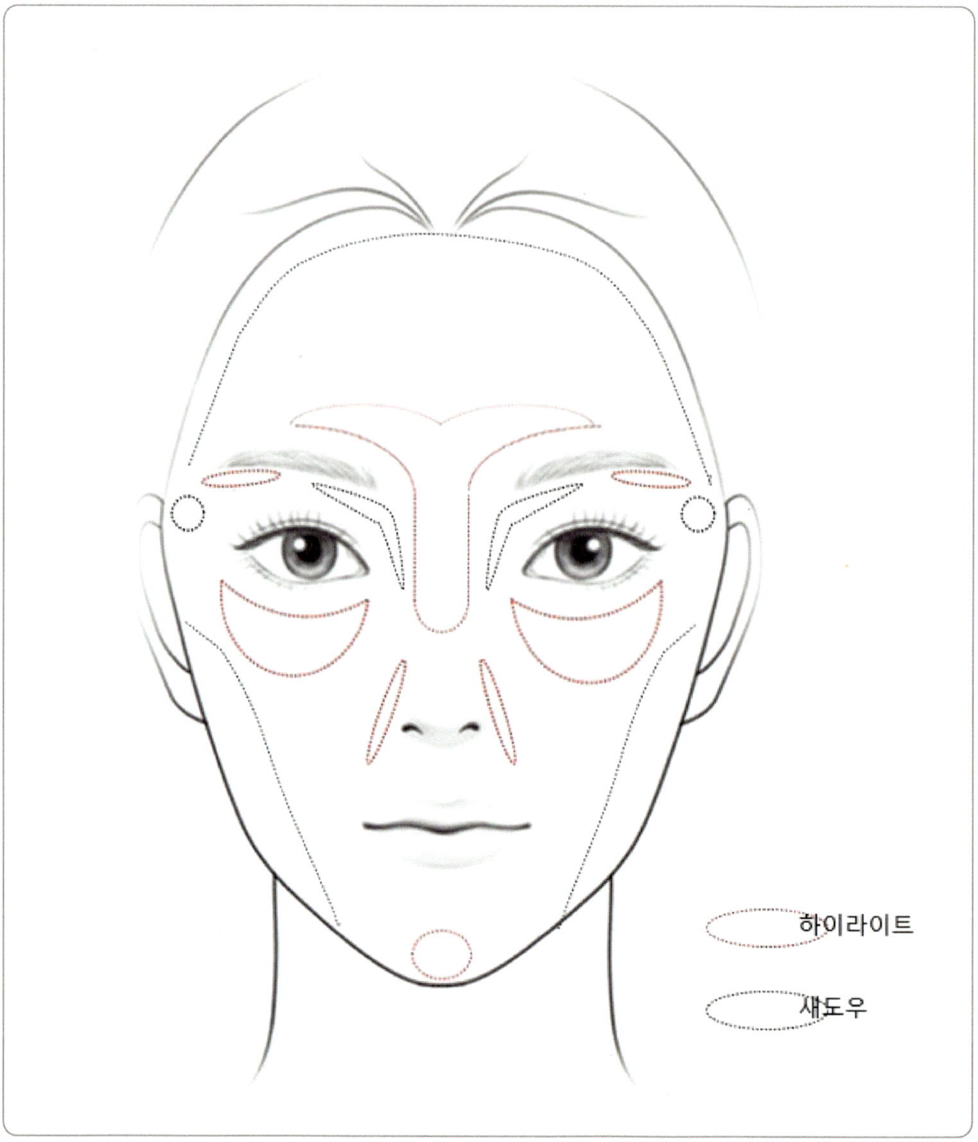

〈그림 6-8〉 얼굴의 하이라이트 & 섀도

둘째, 눈 바로 밑에 하이라이트를 바르면 눈이 답답하고 작아보이므로, 눈 바로 밑은 베이스 컬러의 파운데이션이 보이도록 놔두고 눈 밑 뼈 부분에 하이라이트를 발라 입체감을 준다.

셋째, 볼 뼈 아랫부분에 섀도 컬러를 바를 때는 눈동자 뒷부분에서 수직선을 내린 곳까지만 오도록 한다. 섀도 컬러가 얼굴 중앙 쪽으로 더 나올 경우 얼굴이 초췌해 보이며 부자연스러워 보일 수 있다.

2.6. 파우더

파우더는 파운데이션을 고정시키는 역할을 하는 것으로, 파우더를 하지 않으면 베이스에 먼지가 붙거나 쉽게 지워지게 된다.

1) 파우더 시술 방법

▸ 파우더 퍼프

- 퍼프에 파우더를 묻힌 후 파우더가 골고루 스며들도록 양손으로 잡고 안으로 반을 접어 서로 비벼준 다음 손등에 가볍게 털어 양을 조절한다.
- 처음에 많은 양이 묻을 수 있으므로, 얼굴의 가장자리부터 시작하여 얼굴 중앙쪽으로 바른다.
- 눈이나 코 주위 등 면적이 작고 섬세한 부분은 퍼프를 밖으로 반 접어 퍼프의 좁은 부위로 파우더를 발라준다.
- 손등으로 얼굴을 만져보아 끈적거리면 뽀송뽀송해지도록 다시 한번 파우더를 바른다.
- 시술시 문지르지 말고 두드리듯이 바르고 얼굴에 남은 여분의 파우더는 파우더 브러시 또는 팬 브러시로 털어낸다.

▸ 파우더 브러시

- 파운데이션이 두껍지 않은 내추럴 메이크업을 할 때 브러시를 사용하면 가볍게 파우더를 바를 수 있다.
- 브러시에 파우더를 묻혀 살짝 털어낸 후 발라야 얼굴에 파우더가 뭉치지 않는다.

3. 포인트 메이크업

3.1 아이섀도

1) 눈의 명칭

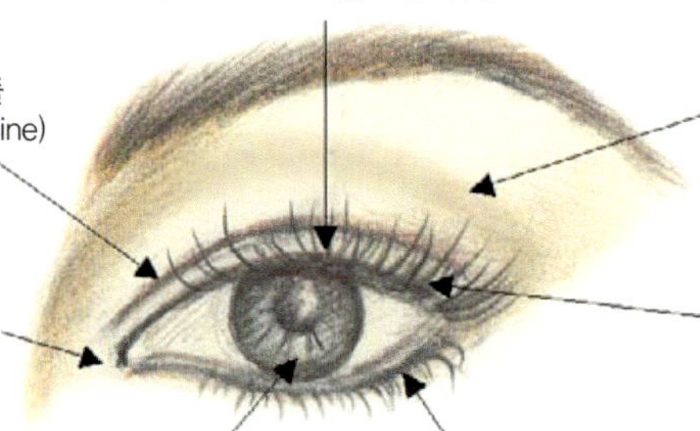

〈그림 6-9〉 눈의 각부 명칭

2) 아이섀도 컬러의 종류 및 적용 순서

① 베이스 컬러(Base Color)

눈두덩 전체에 바르는 것으로, 메인 컬러가 예쁘게 표현될 수 있도록 해주는 베이스 역할을 한다. 아이보리 또는 베이지 등 중간톤을 사용한다.

② 섀도 컬러(Shadow Color)

눈에 음영을 주기 위해 바르는 것으로, 아이홀 부분에 브라운 컬러를 이용하여 눈의 윤곽을 표현한다.

③ 메인 컬러(Main Color)

눈두덩과 아이홀 부분에 바르는 것으로, 메이크업 이미지를 표현할 수 있는 주요한 색상이다.

④ **포인트 컬러**(Point Color)

눈매를 강조하기 위해 바르는 것으로, 메인 컬러보다 진하고 선명한 컬러를 사용한다.

⑤ **언더 컬러**(Under Color)

눈 밑 언더라인에 바르는 것으로, 포인트 컬러와 연결하여 아름다운 눈매를 연출한다.

⑥ **하이라이트 컬러**(Highlight Color)

눈썹 뼈 부분에 바르는 것으로, 화이트, 아이보리, 화이트 펄을 많이 사용한다.

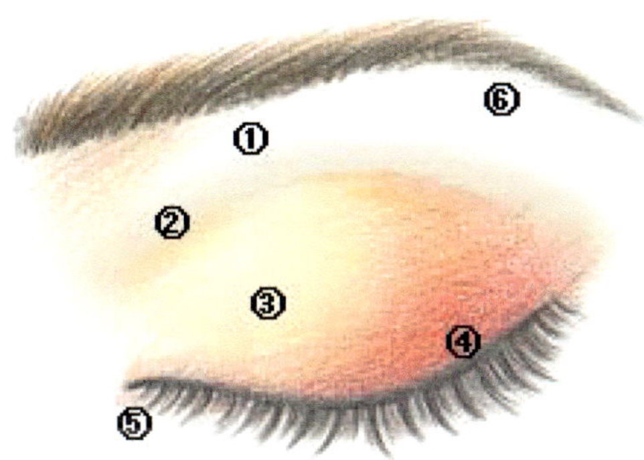

〈그림 6-10〉 아이섀도 컬러의 적용순서

3) 아이섀도 시술 방법

- 팁 또는 브러시에 균일하게 아이섀도를 묻힌다.
- 눈의 형태를 고려하여 팁 또는 브러시 면을 밀착시켜 바른다.
- 한번에 짙게 바르지 말고, 조금씩 여러 번 발라서 색상을 표현한다.
- 가루가 다른 부분에 날리지 않도록 주의한다. 팬 브러시에 파우더를 묻혀 눈 밑에 바른 후 섀도를 완성하고 다시 팬 브러시로 파우더와 떨어진 섀도 가루를 털어낸다.
- 바르는 부위가 일정범위를 넘으면 오히려 평면화 되므로, 눈의 홀 라인에서 그러데이션 시킬 때 너무 윗부분으로 올라가지 않도록 주의한다.

4) 블렌딩(blending)의 종류

▸ **싱글 폼**

안에서 밖으로 하는 블렌딩.

프레임 라인을 따라서 가장 진하게, 점점 위로 갈수록 자연스럽게 그러데이션 한다.

▸ **더블 폼**

밖에서 안으로 하는 블렌딩.

그림①, ②는 싱글 폼과 반대적인 느낌으로, 프레임 라인 쪽으로 내려올수록 섀도의 색감이 옅어진다.

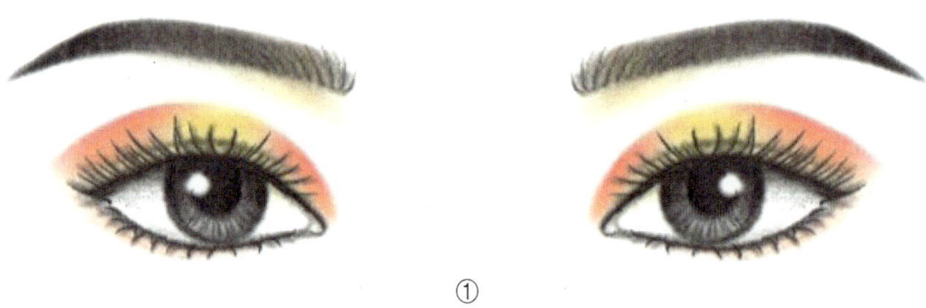

①

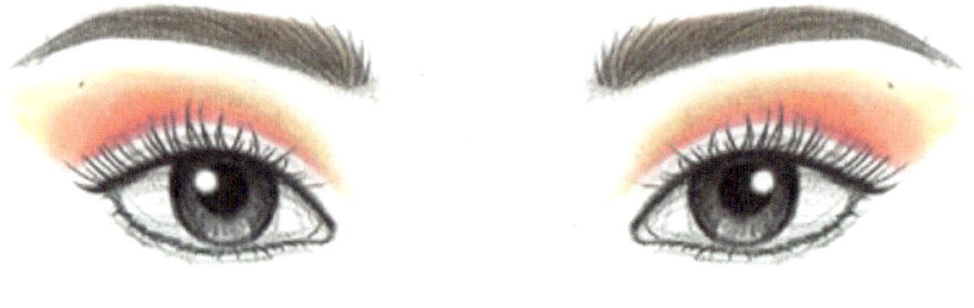

②

5) 포인트에 따른 아이섀도

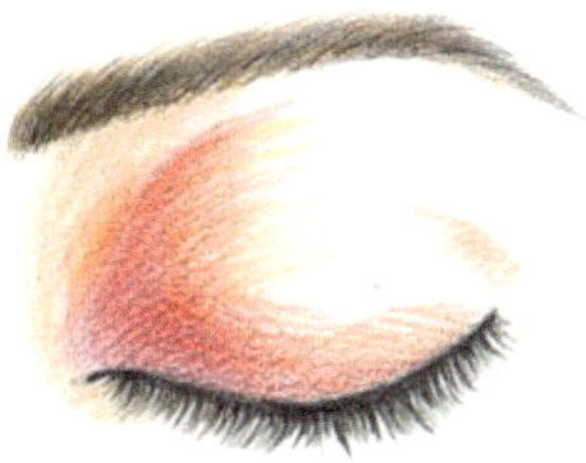

▸ **눈머리 쪽에 포인트를 둔 경우**

대담, 샤프한 표정

눈과 눈 사이가 먼 경우 잘 어울린다.

▸ **눈 중앙에 포인트를 둔 경우**

눈이 둥글게 표현되어 표정이 인위적인 느낌이 된다. 눈머리 또는 눈꼬리 쪽에 포인트를 두는것이 바람직하다.

▸ **눈꼬리 쪽에 포인트를 둔 경우**

온화, 부드러운 느낌.

눈과 눈 사이의 폭이 가까운 사람에게 적합하다.

3.2. 아이라인

1) 아이라인 시술 방법

- 눈꼬리에서 1/6부위 : 치켜 올라간 눈, 처진 눈을 조절하는 포인트.
- 보통눈의 경우 눈꼬리 안쪽 1/6지점부터 프레임 라인보다 위로 들어올려 그린다.
- 눈꼬리 부분보다 5㎜ 정도 밖으로 그린다.
- 속눈썹이 난 프레임 라인을 따라서 펜슬을 조금씩 움직여 그린다.
- 리퀴드 타입의 아이라이너의 경우 눈꺼풀에 직각되게 붓을 대어서 그린다.

• 아래눈꺼풀은 눈꼬리에서부터 눈머리 쪽으로 그리는 것이 쉽고 자연스럽게 마무리 된다.

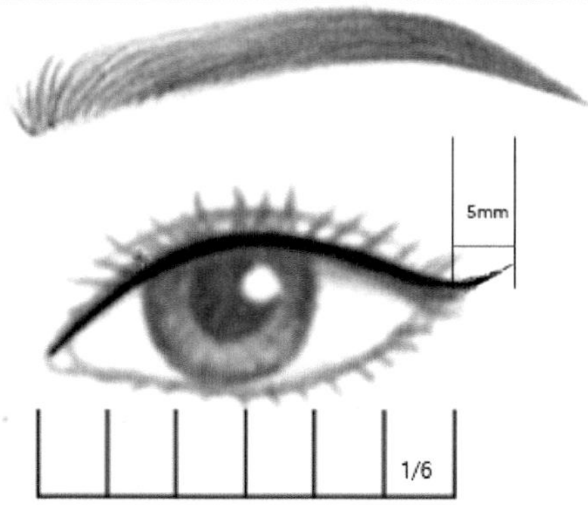

〈그림 6-11〉 아이라인 시술 방법

2) 아이라인에 따른 이미지

- 눈꼬리를 올리면 - 동양적, 젊고 싱싱함, 지적, 야성적 이미지
- 눈꼬리를 내리면 - 부드럽고 온화, 온순, 가련한 이미지
- 둥글게 보이면 - 귀엽고, 천진난만한 이미지
- 길게 보이면 - 요염하고, 지적인 이미지
- 눈폭이 넓게 보이면 - 밝고 명랑하며, 젊고 싱싱한 이미지
- 눈폭이 좁게 보이면 - 어른스럽고 지적인 이미지

3) 아이라인 형태에 따른 특징

〈표 6-8〉 아이라인 형태에 따른 특징

아이라인 형태		특 징
스트레이트 (Straight)		• 눈을 따라 가늘게 그려 자연스러운 형태. • 눈꼬리가 처지거나 올라간 경우는 부적합.

내추럴 (Natural)	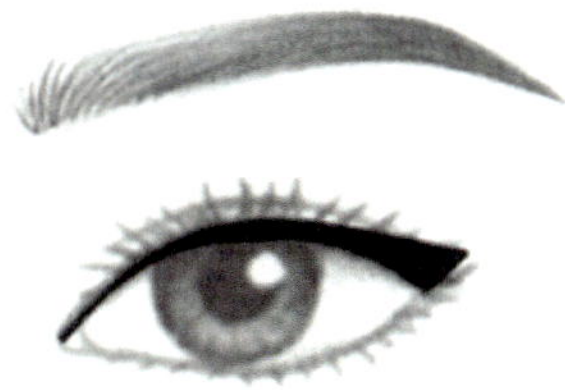	• 뒤로 갈수록 조금씩 두꺼워져 눈꼬리의 라인이 가장 두꺼운 형태
패 션 (Fashion		• 위아래 아이라인이 눈꼬리에서 만나는 형태. • 작은 눈을 커보이게 하는 효과
글래머 (Glamour)		• 위쪽 눈꼬리 라인이 위로 상승한 형태. • 미간사이가 넓은 눈을 커버하는 효과.

4) 눈 형태에 따른 아이 메이크업

▸ 크고 쌍꺼풀이 있는 형태

- 특징 : 가장 이상적인 눈의 형태.
- 아이섀도 : 기본적인 아이섀도 시술방법을 사용하여 자연스럽게 연출한다.
- 아이라인 : 스트레이트(Straight) 아이라인 형태로 시술한다.

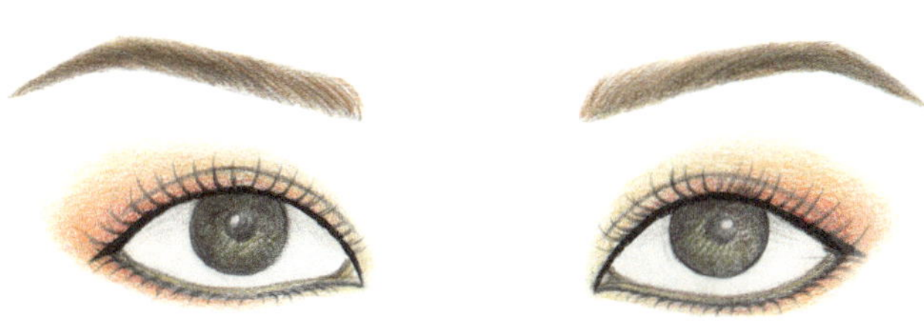

▸ 눈 길이가 짧은 형태

- 특징 : 눈의 가로 길이가 짧은 형태로 답답해 보일 수 있다. 따라서 눈이 시원해 보이도록 눈꼬리의 길이를 늘려주는 아이메이크업을 연출한다.

- 아이섀도 : 눈꼬리에 포인트 컬러를 바른 후 뒤로 그러데이션 시켜 눈이 커 보이도록 연출한다. 진한 색이 너무 넓어지거나, 눈꼬리 뼈 뒤쪽으로 넘어가지 않도록 주의한다.
- 아이라인 : 위아래 라인이 붙으면 작은 눈이 강조되므로, 위 라인을 살짝 올려 그린다. 아이라인은 눈보다 길게 빼고 아래라인은 강조하지 않는다.

▶ 눈 폭이 좁은 형태

- 특징 : 눈의 세로 길이가 짧은 형태로, 아이메이크업이 필수적인 눈이다.
- 아이섀도 : 가로 분할 형태로 포인트 컬러를 쌍꺼풀라인에 바르고 위쪽으로 그러데이션 해준다. 언더 아이섀도를 눈 전체 길이에 꼼꼼히 바른다.
- 아이라인 : 눈이 커보이도록 패션(Fashion) 아이라인 형태를 이용하여 위아래 아이라인을 강조한다.

▶ 눈두덩이 돌출된 형태

- 특징 : 눈두덩에 지방이 많아 아이홀을 포함한 눈 전체가 돌출되고 눈두덩 면적이 넓은 형태로, 깔끔한 포인트 메이크업이 요구된다.
- 아이섀도 : 여러 색을 사용하면 더욱 눈을 강조하여 결점이 강조되므로, 가로분할을 사용하여 선적인 느낌의 아이메이크업을 한다. 화려한 색상보다는 브라운톤과 같은 차분한 색상이 눈을 들어가 보이게 한다.
- 아이라인 : 전체적으로 라인을 두껍게 그리고 눈꼬리 부분을 굵게 그려 넓은 눈두덩을 커버한다.

▶ 눈두덩이 들어간 형태

- 특징 : 아이홀이 깊게 들어간 형태로, 나이 들어 보이고 생기가 없어 보인다.
- 아이섀도 : 아이홀에 밝은 색 또는 펄이 있는 섀도를 사용하여 아이홀이 돌출되어 보이는 착시효과를 준다. 눈썹뼈 하이라이트부분과 아이홀 부분이 모두 밝은색으로 처리되면 눈이 밋밋해 보일 수 있으므로, 둘 사이를 살짝 띄어 약간의 공간을 둔다.
- 아이라인 : 아이라인을 진하게 그리면 눈이 강조되므로 자연스럽게 연출한다.

▶ 눈꼬리가 올라간 형태

- 특징 : 눈꼬리가 올라간 경우 인상이 강하고 사나워 보인다.
- 아이섀도 : 포인트 컬러로 눈꼬리를 강조하지 말고, 언더라인에 아이섀도를 넓게 발라 아랫부분을 강조한다.
- 아이라인 : 눈을 따라 그리다가 눈꼬리에서는 아이라인이 내려가게 그려준다. 언더라인을 강조해서 그려준다.

▸ 눈꼬리가 내려간 형태

- 특징 : 눈꼬리가 처져 인상이 어둡고 생기가 없어 보인다.
- 아이섀도 : 포인트 컬러로 눈꼬리 부분을 위쪽으로 끌어올리듯이 펴바른다. 이때 아이섀도가 눈꼬리 뼈 뒤쪽으로 넘어가지 않도록 주의한다.
- 아이라인 : 눈꼬리가 올라가 보이도록 눈꼬리 부분을 눈과 떨어져서 위쪽으로 향하도록 그려준다. 언더라인을 강조하지 않는다.

▸ 미간이 넓은 형태

- 특징 : 눈과 눈 사이가 넓은 형태로, 얼굴이 커 보이고 뚜렷한 인상을 주지 못한다.
- 아이섀도 : 눈썹 앞머리에서 노즈 섀도를 연결시켜 눈 안쪽으로 펴 발라주고, 포인트 컬러로 눈머리를 강조하여 미간이 좁아보이도록 한다.
- 아이라인 : 눈머리 쪽을 두껍게 그려주어 앞쪽을 강조한다.

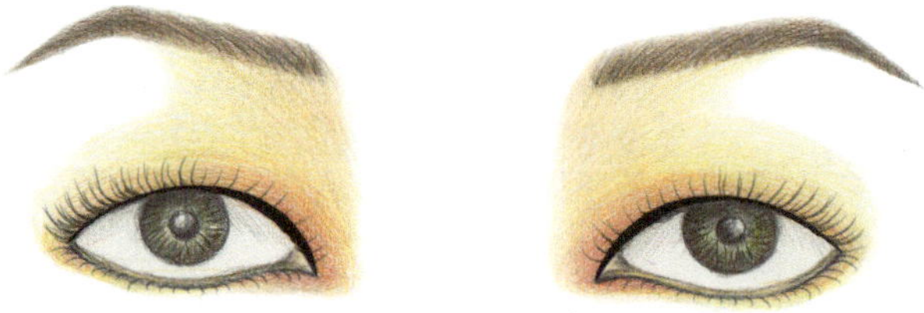

▸ 미간이 좁은 형태

- 특징 : 눈과 눈 사이가 좁은 형태로, 답답해 보인다.
- 아이섀도 : 좌우 눈썹 사이가 가깝지 않게 수정하여 그려준다. 눈머리는 밝은색 아이섀도를 사용하고, 진한 포인트 컬러로 눈꼬리를 강조하여 미간이 넓어 보이도록 한다.
- 아이라인 : 눈머리는 얇게 그리고 눈꼬리를 두껍게 그려 뒤쪽을 강조한다.

3.3. 마스카라

1) 마스카라 시술 순서

① 아이래쉬 컬러로 눈썹을 컬링한다.

② 용기의 가장자리를 축으로 하여 브러시 끝을 회전시키듯이 빼낸다.

③ 아래 눈썹은 왼손으로 눈 밑살 부분을 아래로 살짝 당겨준 후, 살에 묻지 않도록 마스카라를 세로로 세워 가로로 발라준다.

④ 진하게 바르고자 할 때는 마스카라가 약간 건조되었을 때 덧바른다.

⑤ 마스카라를 너무 많이 발랐을 때 또는 뭉쳤을 때는 건조되기 전 마스카라 빗으로 빗으면 깨끗이 마무리된다.

⑥ 눈 밑에 마스카라가 묻은 경우, 바로 닦아내면 오히려 번져 지저분해지므로 건조된 후 면봉으로 털어낸다.

2) 마스카라 시술 테크닉

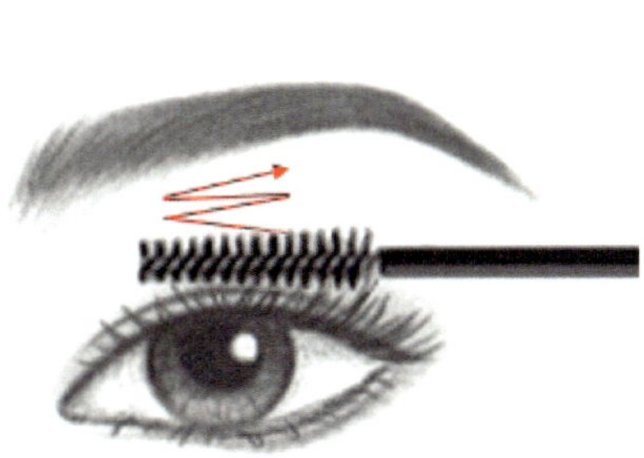

• 지그재그 : 윗눈썹은 먼저 위에서 아래로 가볍게 쓸어준 다음, 아래에서 위로 지그재그로 쓸어 올리듯이 마스카라를 발라준다.

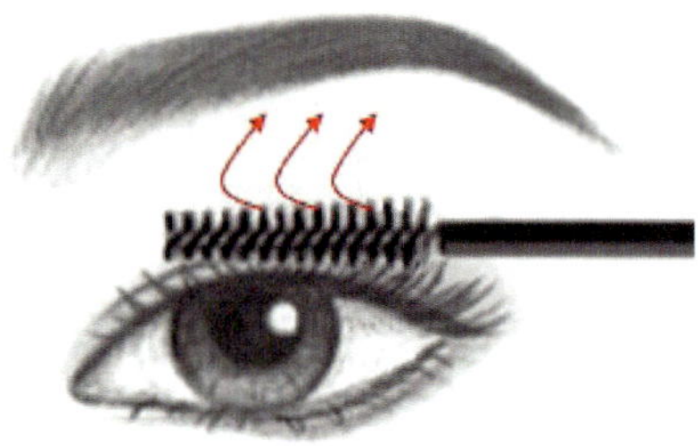

• 곡선 : 위에서 아래로 쓸어 내려준 후 아래에서 위로 회전시키듯이 올려서 발라준다.

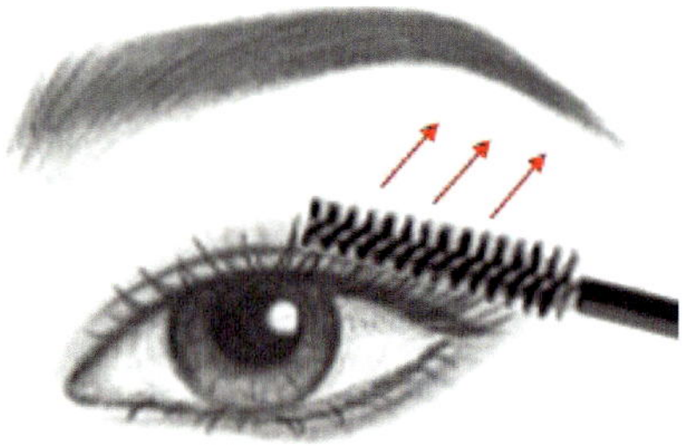

• 직선 : 위에서 아래로 쓸어준 후 아래에서 사선 방향으로 끌어 올리듯 발라준다.

3.4. 속눈썹

1) 인조 속눈썹

▸ 인조 속눈썹의 종류

• 스트립 래쉬스(Strip Lashes) : 한 개로 연결된 속눈썹으로, 눈 형태에 맞도록 둥글게 만들어져 있어 사용이 편리하다. 눈 길이에 따라 적당히 잘라 사용한다.

• 인디비주얼 래쉬스(Individual Lashes) : 한 올 한 올 핀셋으로 붙여준다. 속눈썹의 양을 조절할 수 있고, 본래의 속눈썹 사이사이에 붙이므로 자연스럽게 표현할 수 있다.

▸ 인조 속눈썹 붙이는 방법

- 인조 속눈썹 길이를 모델의 눈 길이에 맞춰 가위로 커트한다.
- 아이라인을 그린다 - 먼저 아이라인을 그리면 속눈썹 붙일 적당한 위치를 알 수 있고, 모델의 속눈썹과 인조 속눈썹 사이에 틈이 가려져 하얗게 살이 보이는 것을 방지할 수 있다.
- 아이래쉬 컬러(Eyelash Curler)로 속눈썹의 컬을 만들어 준다.
- 적당량의 접착제를 인조 속눈썹에 바른다. 너무 많은 양을 사용할 경우 속눈썹을 붙일 때 눈이 붙어버릴 수 있으므로 주의한다.
- 접착제를 바른 후 몇 초 경과 후 붙이면 접착력이 좋아진다.
- 모델의 속눈썹 위에 올려놓고 눈 앞머리, 중앙, 눈꼬리 순서로 지그시 눌러준다. 눈 앞머리에 너무 가깝게 붙이면 눈에 자극을 유발하므로 주의한다.
- 인조 속눈썹과 모델의 속눈썹이 자연스럽게 연결되도록 마스카라를 바른다.
- 인조 속눈썹 제거 시 아이 메이크업 리무버를 묻힌 면봉으로 떼어낸다.
- 인조 속눈썹이 없을 때는 모델의 속눈썹에 마스카라를 발라준 후, 속눈썹을 2-3가닥씩 모아서 쓸어 올리면 인조 속눈썹을 붙인 것처럼 눈매가 또렷한 효과를 준다.

2) 심는 속눈썹

미용기술이 발달함에 따라 일회용 속눈썹이 아닌 보름 이상 지속되는 속눈썹 연장술이 좋은 호응을 얻고 있다. 지속기간이 긴 만큼 접착제의 강도가 세므로 사용 시 눈에 해를 입히지 않도록 각별히 주의해야 한다.

▸ 속눈썹 심는 방법

- 준비물 : 속눈썹, 접착제, 아이메이크업 리무버, 면봉, 핀셋, 티슈, 눈썹브러시, 마스크
- 속눈썹 : 속눈썹은 긴 것, 짧은 것, 보통의 길이 등 여러 종류가 나오므로 원하는 형태에 따라 길이가 다른 것들을 한 종류씩 섞어서 사용하면 자연스럽다.
- 속눈썹 심는 방법
  - 손을 씻고 소독한다.
  - 모든 준비물이 손쉽게 정돈, 준비되어 있나 확인한다.

- 눈 화장을 깨끗이 지워서 눈썹이 잘 안 붙는 일이 없도록 한다.
  (눈꺼풀에서 분비되는 유분 때문에 인조 속눈썹이 본래 속눈썹에서 지탱하기가 어렵다. 분비물은 접착제를 용해시켜 인조 속눈썹을 떨어지게 한다.)
- 속눈썹이 길고 많아 보이도록 하되 부자연스럽지 않도록 길이와 숱을 조절한다.
- 접착제는 매우 빨리 굳으므로 용기에서 한 번에 조금씩 꺼내어 사용한다.
- 족집게를 사용하여 용기에서 인조 속눈썹을 꺼내고 가능한 한 눈썹의 끝을 잡는다. 족집게로 속눈썹을 잡을 때 자연의 눈썹과 같은 각도를 이루도록 잡는 것이 중요하다.
- 콘택트렌즈를 사용하고 있는 사람은 반드시 빼도록 하고 안경을 쓰고 있는 사람은 먼저 눈의 중앙에 눈썹을 하나 붙이고 안경을 써 보아 닿지 않는지 확인 후 붙인다.
- 본래의 눈썹 2-3올의 뿌리보다 약간 바깥쪽에 접착시키는데 이 때 2-3회 쓸어준 후 접착시킨다. 눈썹 뿌리에 가능한 한 가깝게 그러나 피부에 닿지 않도록 하는 것이 요령이다. 눈꺼풀에서 0.5㎜ 정도 앞쪽에서 시작하는 것이 이상적이다.

▶ **속눈썹 제거 방법**

인조 속눈썹을 뗄 때는 어떤 경우에도 이것을 잡아 뽑아서는 안된다. 잡아당기면 인조 속눈썹과 함께 본래의 속눈썹도 함께 떨어지기 때문이다. 눈을 보호하기 위해 티슈를 속눈썹 밑에 놓고 눈을 감게 한다. 면봉에 제거제를 적셔서 접착제가 용해되어 인조 속눈썹이 떨어질 수 있을 때까지 부드럽게 닦는다.

〈그림 6-12〉 심는 속눈썹

3.5. 아이브로우

1) 눈썹의 위치 및 명칭

▶ 눈썹의 명칭

〈그림 6-13〉 눈썹의 각부 명칭

▶ 눈썹의 이상적 프로포션

- 눈썹머리 : 눈앞머리에서 일직선으로 올라간 지점에서 앞쪽으로 2-3㎜ 나온 지점부터 눈썹이 시작된다.
- 눈썹 산 : 눈동자 뒤쪽에서 올라간 라인에 위치한다. 눈썹 전체 길이를 2등분한 지점. 전통적인 기법은 콧볼과 눈썹꼬리를 이은 선이 코에서 45도를 이루도록 하고 눈썹 산을 눈썹 전체 길이의 2/3지점에 그리는 것이지만, 이는 다소 나이들어 보이고 얼굴이 넓어 보일 수 있다. 뉴트랜드는 눈썹을 다소 짧게 그리는 것이다.
- 눈썹꼬리 : 눈앞머리 라인과 일치하는 눈썹라인까지 내려 그린다. 눈썹머리에서 눈썹 산 길이만큼 눈썹 산에서 눈썹꼬리를 그린다.
- 눈썹 산과 눈썹라인, 위 눈꺼풀 라인, 아래 눈꺼풀 라인이 동일한 간격을 이루도록 한다. 눈썹과 눈의 사이 간격이 좁으면 어두운 인상을 주고 답답해보이므로, 본래 좁은 경우 눈썹 아래를 정리하여 눈썹 형태를 수정한다.
- 눈썹꼬리가 눈썹머리보다 아래로 내려가면 인상이 처져 보이므로 주의한다.

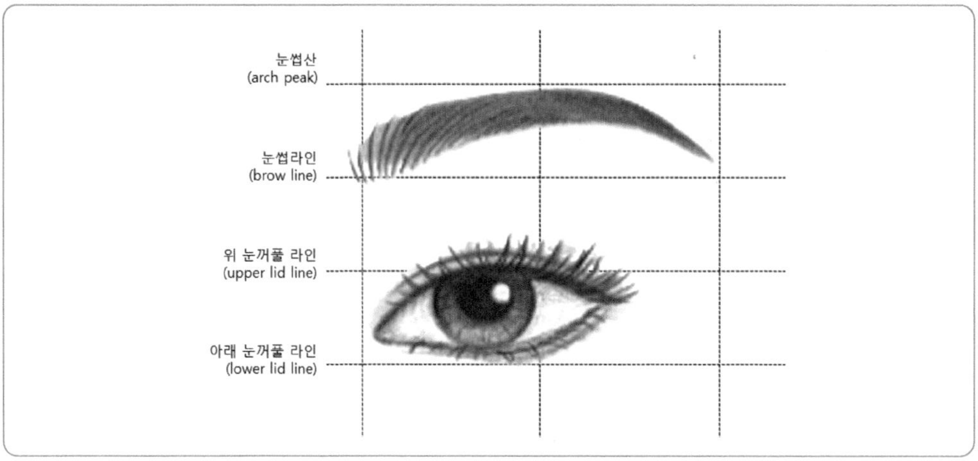

〈그림 6-14〉 눈과 눈썹의 이상적 프로포션

2) 눈썹의 특징에 따른 이미지

〈표 6-9〉 눈썹의 특징에 따른 이미지

눈썹의 특징		이미지
눈썹의 굵기	굵은 눈썹	• 다소 중성적, 젊음.
	가는 눈썹	• 부드럽고 여성적/인위적, 나이 들어 보임.
눈썹의 길이	긴 눈썹	• 여성스러워 보이나 얼굴 폭이 넓고 나이 들어 보임.
	짧은 눈썹	• 귀엽고 경쾌하고 눈이 커 보이나 얼굴이 통통해 보여 얼굴이 큰 사람이 할 경우 더 커 보임.
눈썹의 색상	블 랙	• 강한 이미지 연출.
	브라운	• 동양인의 경우 검정 눈썹과 색상이 섞여 다소 부드럽고 자연스러운 이미지 표현.
	그레이	• 가장 대중적인 색상으로 지적으로 보이나, 다소 인위적

3) 아이브로우 메이크업 시술 순서

① **브러싱**(Brushing)

눈썹 브러시를 이용하여 파우더의 여분을 털어 내고 눈썹을 결 방향대로 가지런히 정리.

② **트리밍 또는 커팅**(Trimming or Cutting)

눈썹산에서 눈썹꼬리까지 눈썹을 아래로 빗어서 남은 여분을 수정가위로 커트.

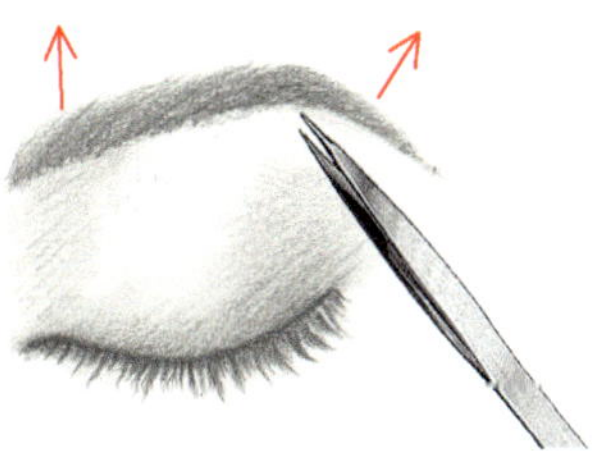

③ **트위징 또는 쉐이빙**(Tweezing or Shaving)

집게나 면도칼로 조심스럽게 제거. 왼손 엄지를 사용하여 화살표 방향으로 눈썹을 살짝 위로 잡아당겨 눈썹 밑의 살을 평평하게 하고 트위징 또는 쉐이빙 한다.

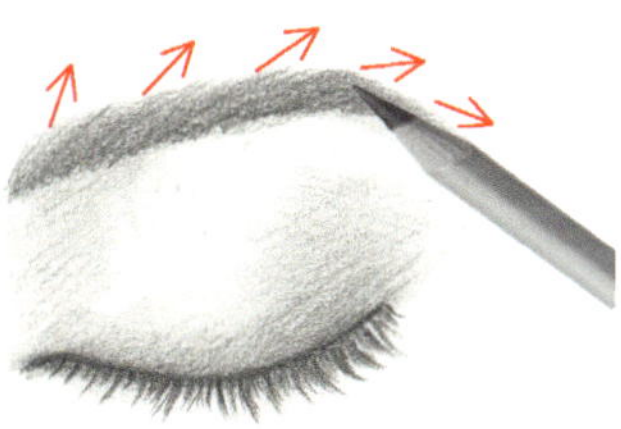

④ **필링**(Filling)

아이브로우 펜슬을 이용하여 눈썹결의 흐름을 따라서 한 올 한 올 심듯이 그려준 후 섀도우 브러시로 자연스럽게 마무리.

4) 아이브로우 메이크업 시술시 유의점

- 윤곽을 너무 진하게 그리지 않는다.
- 한 올 한 올씩 심듯이 그린다.
  눈썹 산을 눈썹 길이보다 외측에 두도록 한다.
- 아이브로우 길이는 눈 길이보다 짧게 하지 않는다.

5) 다양한 눈썹의 형태에 따른 이미지

〈표 6-10〉 눈썹형태에 따른 이미지

	눈썹의 형태	이미지
기본형 (표준형)		• 일명 클래식 아이브로우(ClassicEyebrow) • 가장 기본이 되는 형태 • 모든 얼굴형에 적당
직선형		• 젊고 후레쉬한 느낌, 남성적인 이미지 • 긴 얼굴, 폭이 좁은 얼굴 수정
각진형		• 세련되고 지적인 이미지 • 둥근 얼굴 커버 • 검정색–동양적 이미지 회갈색–현대적 이미지 • 커리어우먼에 적당
아치형		• 우아하고 요염한 이미지 • 역삼각형, 각진 얼굴 커버 • 부드러운 이미지 • 화려한 나이트 메이크업에 적당
상승형		• 역동적인 이미지 • 둥근 얼굴 커버 • 눈을 작아보이게 함
커브형		• 강한 여성의 이미지 • 1950년대 유행 눈썹

3.6. 립 메이크업

1) 입술의 명칭

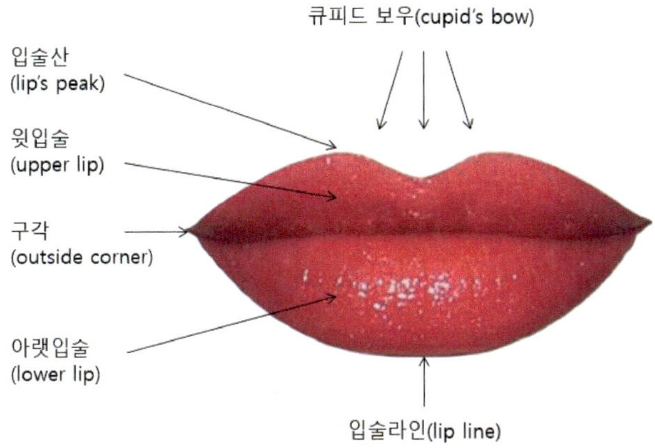

〈그림 6-15〉 입술의 각부 명칭

2) 립 메이크업 시술 방법

- 입술은 중심선에서 좌우 대칭형으로 그리도록 한다.
- 입술산은 큐피드 보우의 움푹 들어간 부분에서 구각까지 5등분 했을 때 1/5지점에 위치한다.
- 윗입술이 아랫입술보다 두께가 얇도록 그린다(비율 1:1.5).
- 입술 중앙라인과 구각은 섀도 부분으로 제일 진하게 그린다.
- 아랫입술은 두께가 있기 때문에 라인을 진하고 굵게 그린다.
- 아랫입술 중앙은 하이라이트 부분이므로 환한 립스틱 또는 립글로스를 사용하여 하이라이트를 표현한다.

3) 립 메이크업 시술 순서

① 베이스 메이크업 단계에서 립 라인을 파운데이션으로 덮어주면 입술 수정이 용이하고 립스틱이 잘 지워지지 않고 오래 유지되는데 도움이 된다.

② 메인 컬러와 같거나 한 단계 진한 색상의 립 펜슬로 윗입술 라인을 그린 후 아랫입술 라인을 그린다. 립 펜슬은 립 라인을 명확히 해주고, 입술 수정을 가능하게 해주며 립스틱이 번지는 것을 방지한다.

③ 립 브러시를 사용하여 메인 컬러의 립스틱을 묻혀 입술 전체를 채워준다.

④ 메인 컬러보다 밝은 하이라이트 색상을 선택하여 입술 중앙 부분에 발라준다.

⑤ 립스틱의 매트한 질감을 원할 경우 미용티슈를 사용하여 립스틱을 눌러준다. 이때 티슈를 입술 사이에 넣어 물면 입술 주름이 부각되므로, 티슈를 입술 위에 덮어놓고 살짝 누르거나 파우더 브러시로 티슈 위에 파우더를 발라 유분기를 제거한다. 또한 이 방법은 립스틱이 지워지지 않고 오래 유지되도록 해준다.

⑥ 촉촉한 립스틱을 원할 경우 립 글로스나 립 밤 제품으로 마무리 한다.

⑦ 트랜드에 따라 립글로스만 발라 투명한 메이크업을 표현하기도 한다.

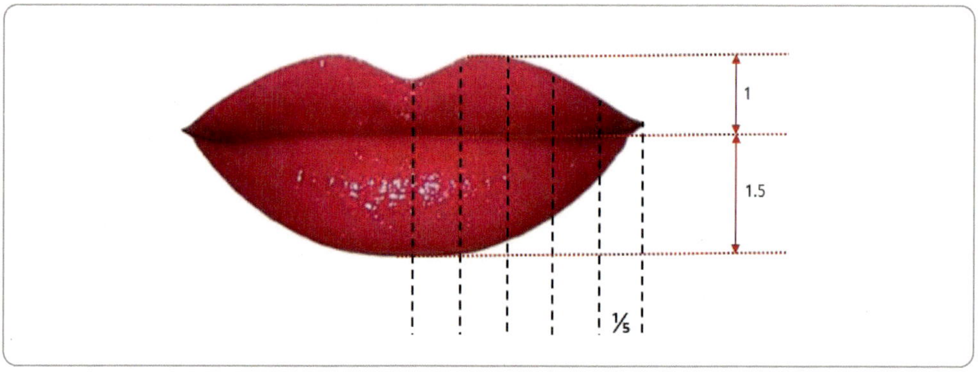

〈그림 6-16〉 입술의 이상적 프로포션

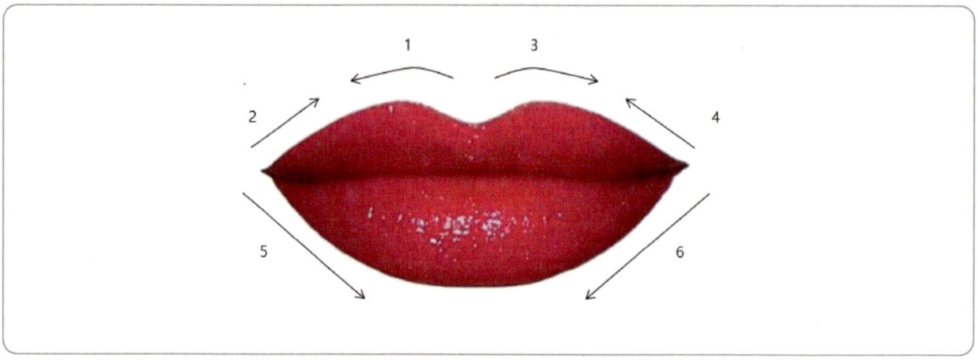

〈그림 6-17〉 입술 그리는 순서

4) 립 형태에 따른 특징

〈표 6-11〉 립 형태에 따른 특징

	립 형태	특 징
라운드 (Round)		• 내추럴 입술라인을 부드럽게 굴려 자연스럽게 그린 입술.
스트레이트 (Straight)		• 입술산과 아랫입술을 각지게 그린 직선적인 느낌의 입술. • 지적, 현대적 캐리어 여성 이미지. • 1960년대 페이 더나웨이(Faye Dunaway)의 입술형태.
인커브 (In-curve)		• 내추럴한 립라인보다 구각부분이 안쪽 커브로 그려진 입술. • 귀엽고 발랄한 이미지.
아웃커브 (Out-curve)		• 내추럴한 립라인보다 바깥쪽 커브로 그려 입술이 둥글고 도톰하게 그려진 입술. • 섹시하고 에로틱한 이미지.
큐피드 보우 (Cupid's bow)		• 내추럴한 립라인보다 구각부분이 매우 과장되게 안쪽 커브로 그려진 입술. • 귀엽고 여성스러운 형태.
유니립 (Uni-lip)	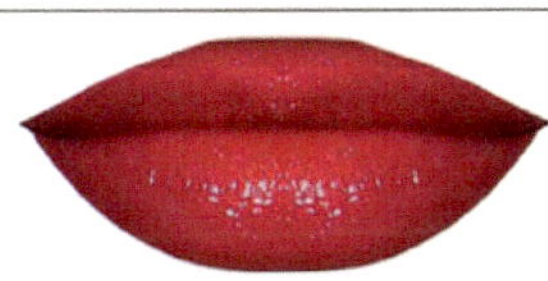	• 윗입술산이 없고 풍성하며 관능적인 입술. • 나오미 캠벨(Naomi Campbell)과 케이트 헵번(Kate Hepburn)의 입술형태.
비스팅 (Bee-stung)		• 벌에 쏘여 부은 듯한 모습에서 이름을 따옴. • 1920년대 초반 유행.
스미어 (Smear)	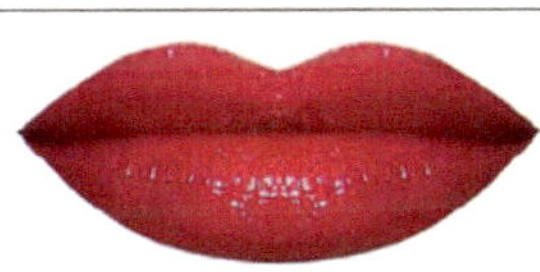	• 윗입술산이 바깥쪽으로 그려진 형태. • 조안 크로포드(Joan Crawford)의 매우 드라마틱한 입술형태로 1940년대 유행.

5) 립 형태에 따른 수정 방법

〈표 6-12〉 립 형태에 따른 수정 방법

립형태	수정 전후	수정 방법
두꺼운 입술		• 전체 윤곽에서 1-2㎜ 작게 그린다. • 입술산은 완만하고 두터움이 느껴지지 않도록 마무리한다.
얇은 입술		• 전체 윤곽에서 1-2㎜ 크게 그린다. • 윗입술 산을 안쪽으로 굽게 그리면 입술산 강조되어 두텁게 보인다.
아랫 입술이 두꺼운 입술		• 아랫입술을 윤곽보다 1-2㎜ 작게 그려 입술 전체의 밸런스를 잡는다.
윗입술이 얇은입술		• 윗입술을 윤곽보다 1-2㎜ 크게 그린다. • 입술산을 약간 강조하여 두께가 있어 보이게 한다.
작은 입술		• 구각의 위치를 좌우로 1-2㎜ 넓게 그린다.
구각이 처진 입술	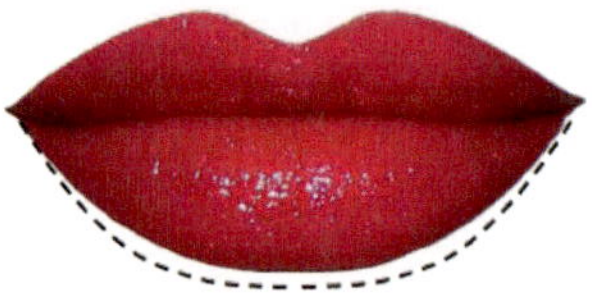	• 구각을 1-2㎜ 정 도 위로 그리고 윗입술은 인커브 라인으로 그린다.
윤곽이 희미한 입술		• 입술산의 위치를 정해 명확히 그린다.

5) 윗 입술산 위치에 따른 이미지

- 중앙 쪽에 입술산이 위치하면 우아하고 고상한 이미지를 주지만 너무 중앙 쪽으로 오면 촌스러워진다.
- 구각 쪽으로 입술산이 위치하면 매혹적인 이미지를 주지만 너무 외측에 위치하면 품위가 없어진다.

6) 립 컬러에 따른 이미지

〈표 6-13〉 립 컬러에 따른 이미지

립컬러	이미지
핑 크 톤(Pink Tone)	여성스럽고 귀여운 이미지
레 드 톤(Red Tone)	정열적이고 관능적인 이미지
오렌지톤(Orange Tone)	상큼하고 발랄한 이미지
퍼 플 톤(Purple Tone)	화려하고 우아한 이미지
브라운톤(Brown Tone)	차분하고 지적인 이미지
누 드 톤(Nude Tone)	순수하고 자연스러운 이미지

3.7. 치크 메이크업

1) 치크 메이크업 시술 방법

- 볼뼈는 원기둥의 형태로, 원기둥의 앞면이 얼굴 볼뼈 부분이 시작되는 곳이고, 원기둥의 뒷면이 귀 중앙에 가까운 부분이다.
- 원기둥은 둥글기 때문에 조명이 비추면 하이라이트 부분과 섀도 부분 사이에 중간 단계, 즉 그러데이션 부분이 존재한다. 이와 같은 원리로 볼뼈 또한 윗부분은 베이스의 하이라이트, 아랫부분은 베이스의 섀도 부분이 되며 따라서 볼뼈 가운데 부분에 정확히 블러셔를 발라야 한다.

• 블러셔는 정면에서 봤을 때 눈동자 뒷부분과 수직으로 연결한 선보다 얼굴 중앙쪽으로 나와서는 안된다.

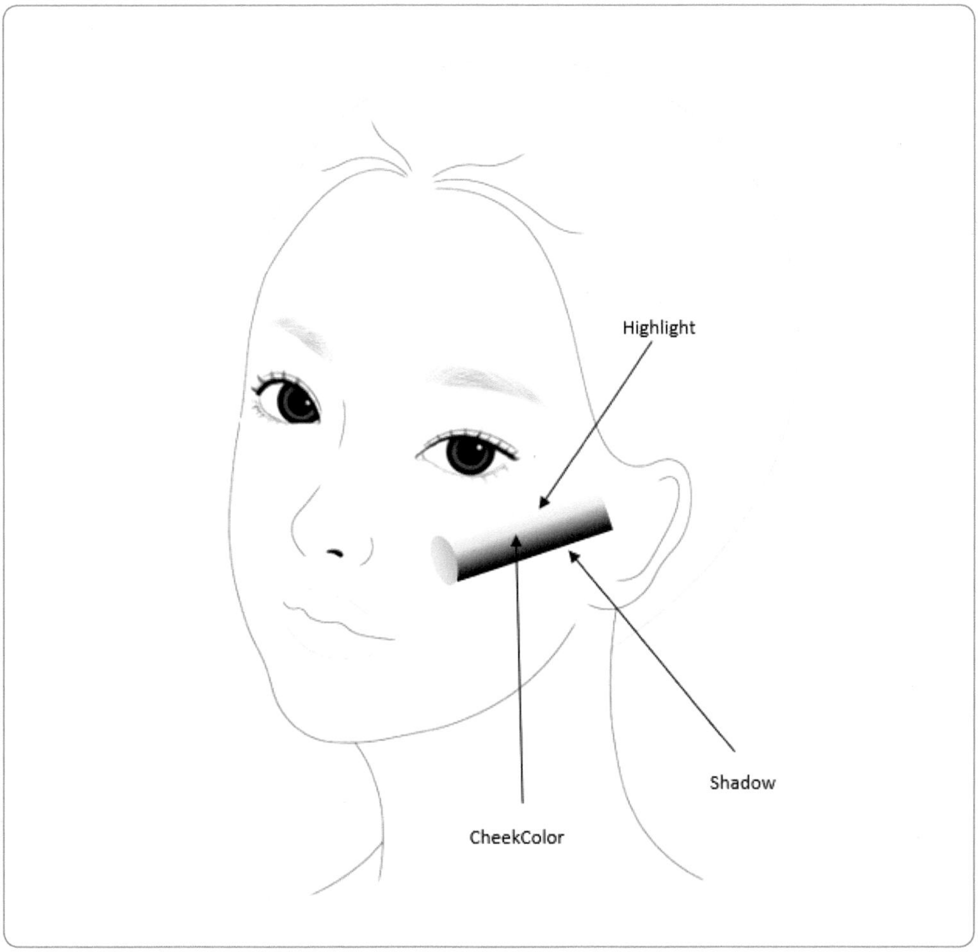

〈그림 6-18〉 치크 메이크업의 하이라이트 & 섀도

2) 얼굴형에 따른 블러셔 위치

〈표 6-14〉 얼굴형에 따른 블러셔 위치

립형태	수정 전후	수정 방법
긴 형	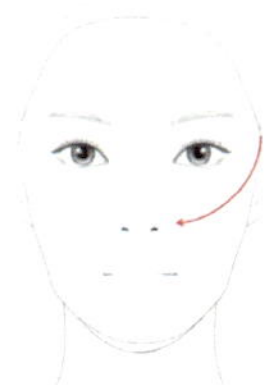	• 콧망울과 구각의 중간을 향하여 기본보다 완만하게 그리고, 볼뼈를 중심으로 폭넓게 펴 바름.
둥근형	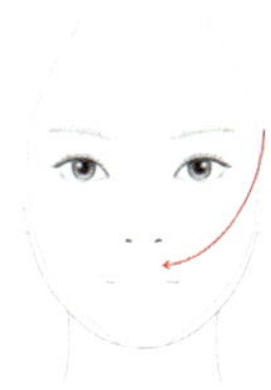	• 귀 부분에서 구각을 향하여 기본보다 세로로 길게 펴 바름.
사각형	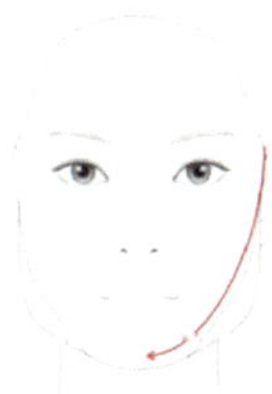	• 귀 부분에서 턱끝을 향하여 기본보다 폭넓게 마무리.
삼각형	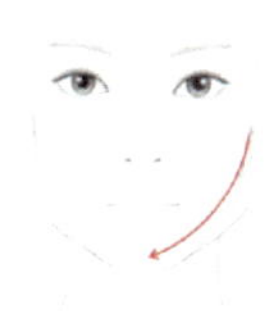	• 귀 부분에서 턱끝을 향하여 기본보다 폭넓게 마무리.
역삼각형	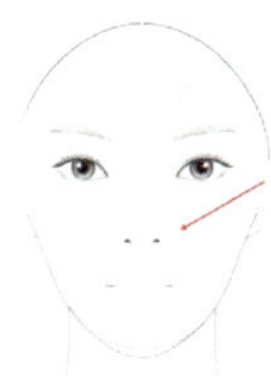	• 귀 부분에서 콧망울을 향해서 부드럽게 펴 바름.
다이아몬드형	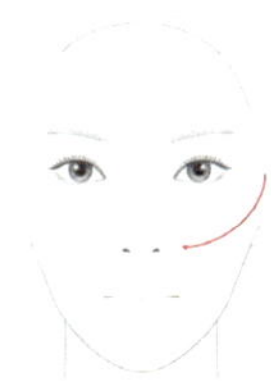	• 볼 뼈를 중심으로 폭넓고 엷으며 부드럽게 펴 바름.

3) 블러셔 브러시 테크닉에 따른 이미지

〈표 6-15〉 블러셔 브러시 테크닉에 따른 이미지

블러셔 브러시 테크닉		이미지
8자형	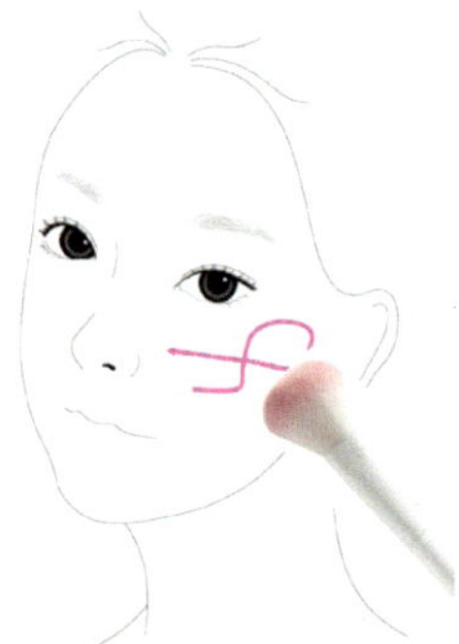	• 볼 뼈를 중심으로 관자놀이 쪽으로 광범위하게 발라주는 테크닉 • 여성스럽고 부드러운 이미지
상승형	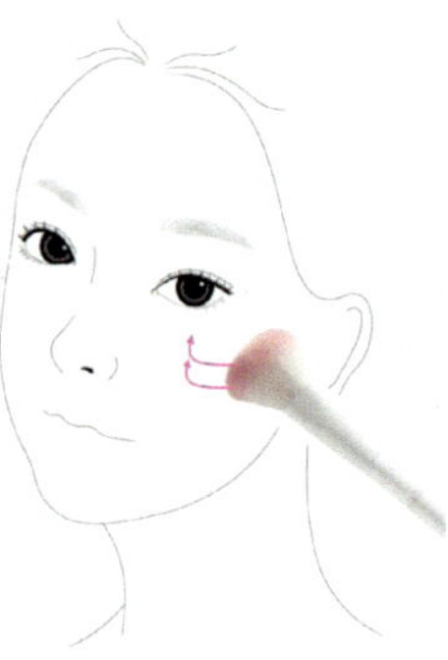	• 볼 뼈 아래를 강조하는 테크닉 • 볼 뼈 위 하이라이트와 대비를 이루어 샤프하고 강한 이미지
둥근형	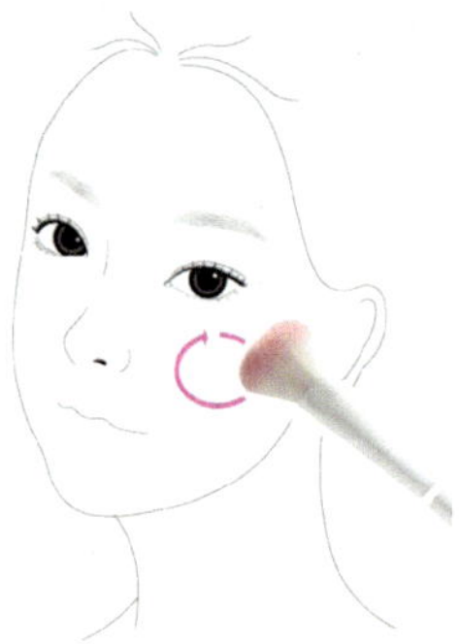	• 웃을 때 튀어나오는 볼 중앙에 둥글게 발라주는 테크닉 • 귀엽고 청순한 이미지

4) 블러셔 부위에 따른 이미지

〈표 6-16〉 블러셔 부위에 따른 이미지

블러셔 브러시 테크닉		이미지
8자형	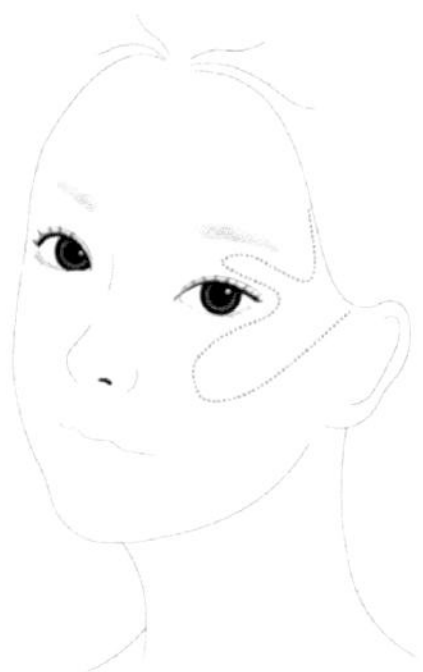	• 볼 뼈를 중심으로 관자놀이 쪽으로 광범위하게 발라주는 테크닉 • 여성스럽고 부드러운 이미지
상승형	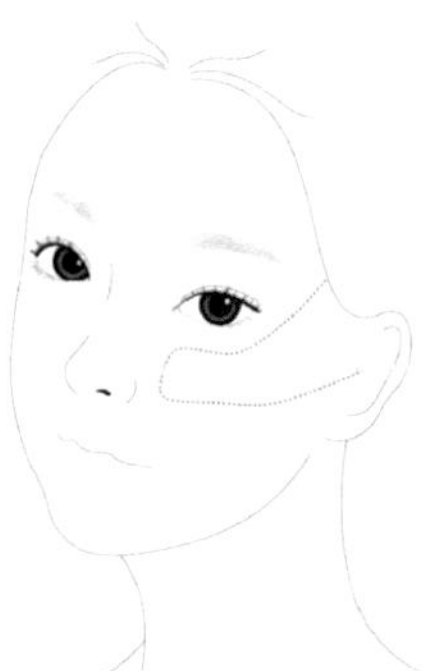	• 볼 뼈 아래를 강조하는 테크닉 • 볼 뼈 위 하이라이트와 대비를 이루어 샤프하고 강한 이미지
둥근형	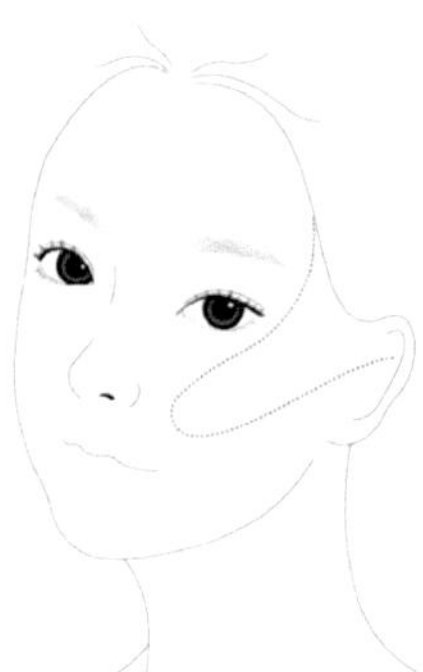	• 웃을 때 튀어나오는 볼 중앙에 둥글게 발라주는 테크닉 • 귀엽고 청순한 이미지

4. 피니쉬 메이크업

피니쉬 메이크업(Finish Makeup)은 베이스 메이크업, 포인트 메이크업 시술이 모두 끝난 후, 얼굴과 다른 부분과의 조화를 고려하여 페이스 파우더 또는 하이라이트 & 섀이딩 제품을 한번 더 발라 마무리하는 메이크업의 최종 단계이다.

- 메이크업을 전체적으로 다시 한번 점검하고 하나의 이미지로 조화가 잘 이루어졌는지 확인한다.
- 얼굴 윤곽 수정을 하지 않는 내추럴 메이크업(Natural Makeup)의 경우는 피부의 번들거림은 없는지 확인하고 소량의 파우더로 리터치 한다.
- 얼굴 윤곽 수정을 한 수정 메이크업(Corrective Makeup)의 경우, 하이라이트와 섀이딩 컬러가 함께 들어 있는 투웨이 콤팩트(Two-way Compact)를 이용하여 윤곽 수정을 마무리 한다.
- 사진 메이크업의 경우, 파우더를 한 후 곧바로 사진을 찍으면 얼굴에 파우더 가루가 그대로 묻어있어 하얗게 나오므로, 티슈에 소량의 물을 분무하여 얼굴에 살며시 두드려준다.
- 사진 메이크업의 경우, 립 메이크업을 하지 않은 남성 모델은 사진 찍기 전 입술에 혀로 침을 묻혀 입술에 광택을 준다.

CHAPTER 07.
메이크업 디자인

CHAPTER 07.
메이크업 디자인

1. 데이 & 나이트 메이크업

1.1. 데이 메이크업

낮 동안에 활동을 위한 메이크업으로 무엇보다 자연스럽고 가벼운 화장으로 표현하도록 한다. 시간대별로 보았을 때 아침 시간은 햇빛이 큰 굴곡 없이 그대로 얼굴에 와 닿기 때문에 자외선으로부터 피부를 보호해 줄 수 있도록 피부표현을 중점적으로 섬세하게 해주는 것이 바람직하다. 전체적인 색감은 유사색 계열을 사용하도록 한다.

1) 베이스 메이크업

가장 중요한 것은 자외선으로부터 피부를 보호해주고 깨끗한 이미지로 피부표현을 하는 것이므로 자외선 차단이 되는 메이크업 베이스 제품을 선택하여 가볍게 소량 사용하거나 파운데이션은 리퀴드 타입을 사용하는 것이 무난하다. 피부상태를 체크해보아 눈 밑 다크 써클이나 결점은 컨실러를 사용하여 가볍게 커버하고 피부 톤보다 한 톤 밝은 색상의 리퀴드 파운데이션을 얇게 펴 바르는 것도 좋다. 프레스드(Pressed, 압축가공된) 파우더를 이용하여 가볍게 발라주어 스피디하게 피부표현을 마무리하도록 한다. 투명감이 떨어지지 않도록 유의하고 지나친 수정 메이크업을 하지 않도록 한다.

2) 포인트 메이크업

▶ **아이 메이크업**

아이섀도는 베이지, 브라운, 파스텔 톤의 컬러를 사용하여 은은하게 음영을 주는 정도로 표현하도록 한다. 한 가지 컬러 또는 두 가지 컬러를 사용하고 너무 화려하거나 컬러

풍한 느낌을 주지 않도록 자연스럽게 그러데이션 하도록 한다. 포인트 컬러는 눈 모양에 따라 가볍게 포인트를 주는 정도로 색감표현을 한다.

아이라인은 펜슬타입으로 자연스럽게 그려주고, 마스카라는 브라운이나 블랙을 섬세하게 발라준다. 아이브로우는 모발색과 유사한 다크 브라운 컬러의 펜슬이나 섀도로 자연스럽게 그려준다.

▸ **립 메이크업**

립 라인은 기본형태를 유지하여 라인을 살려준다. 립스틱 색상은 동양인의 피부색과 유사한 은은한 오렌지 계열의 색상을 사용하고 립글로스 또는 립밤(Lip Balm)을 덧발라 생기 있는 연출이 되도록 한다.

▸ **치크 메이크업**

블러셔는 건강한 혈색을 줄 수 있도록 볼 뼈 주위에 은은한 오렌지 계열의 색이나 핑크 계열로 건강한 혈색을 주는 정도로 가볍게 발라준다.

3) 피니쉬 메이크업

얼굴과 목의 경계부분을 체크해보고 전체적인 색감이나 터치가 자연스럽게 생기를 부여하는 정도로 마무리한다.

〈사진 7-1〉 데이 메이크업

IMAGE MAP

FACE CHART

WORK

PHOTO HERE

5X7

1.2. 나이트 메이크업

낮 동안의 메이크업과 달리 나이트 메이크업은 색감이 보다 강하고 선을 강조하는 메이크업이라고 할 수 있다. 낮은 자연광이지만 밤은 인공조명으로 인하여 얼굴이 자칫 평면적으로 보이기 쉽고 창백해 보일 수 있다. 특히 가로등이 하나 둘 들어오기 시작하는 저녁노을이 질 무렵은 자연의 황색 기운이 얼굴에 영향을 미쳐 황색을 띠고 밋밋해 보인다.

나이트 메이크업은 화려한 인공조명 아래에서, 색감이 보다 선명하게 표현되도록 채도가 조금 높은 색을 사용하는 것이 바람직하다. 눈이나 입술 한 곳에 포인트를 주는 원 포인트 메이크업(One Point Makeup)을 하는 것도 좋다.

1) 베이스 메이크업

나이트메이크업은 조명 아래에서 발색이 잘 되는 크림타입의 파운데이션을 사용하도록 한다. 파우더를 충분히 발라주고 펄이 들어간 제품을 발라주어 질감을 강조해 주는 것도 좋다.

인공조명으로 인하여 평면적으로 보이기 쉬운 얼굴의 T존 부위에 하이라이트를 주고 얼굴 형태에 따라 섀이딩을 주어 보다 입체감 있는 피부표현이 되도록 한다. 눈 밑 다크써클이나 결점은 컨실러를 사용하여 가볍게 커버하도록 한다.

2) 포인트 메이크업

▸ 아이 메이크업

아이섀도는 인공조명 아래에서 잘 발색이 되는 핑크, 퍼플 계열의 색상을 사용하여 입체감을 주거나 눈의 형태에 따라 자연스러운 음영을 주어 표현하도록 한다. 밝고 화려한 컬러를 사용하여 대담하게 변신을 시도해 보는 것도 좋다. 색감은 너무 차분한 색감보다는 고채도 저명도의 색상을 사용하도록 한다.

메이크업 테크닉도 낮에 하기에 부담스러운 대담한 테크닉을 연출해 보는 것도 요령이다.

아이라인은 리퀴드 타입으로 그려주고, 마스카라는 브라운이나 블랙, 퍼플 등을 섬세하게 발라준다. 인조 속눈썹을 붙여주어도 좋다. 아이브로우는 모발색과 유사한 다크 브라운 컬러의 펜슬이나 다양한 브로우 제품을 사용하도록 한다.

▶ 립 메이크업

립 펜슬로 립 라인을 그려주고 같은 계열의 립스틱으로 펴 바르면 오래도록 깔끔한 입술 화장을 유지할 수 있다. 색상은 따뜻한 붉은 계열의 색상을 바르도록 한다.

입술모양에 따라 입술형태에 변화를 주어 표현하여 패셔너블한 립 메이크업으로 연출한다.

▶ 치크 메이크업

블러셔는 건강한 혈색을 줄 수 있도록 볼 뼈 주위에 은은하게 발라주고 립스틱 색상과 동일한 계열의 색상을 바르도록 한다.

3) 피니쉬 메이크업

얼굴과 목의 경계부분을 체크해보고 전체적인 색감이나 터치가 생동감 있고 화사하게 표현되었는지 또 입체감이 잘 표현되었는지 체크하여 마무리한다.

〈사진 7-2〉 나이트 메이크업

IMAGE MAP

FACE CHART

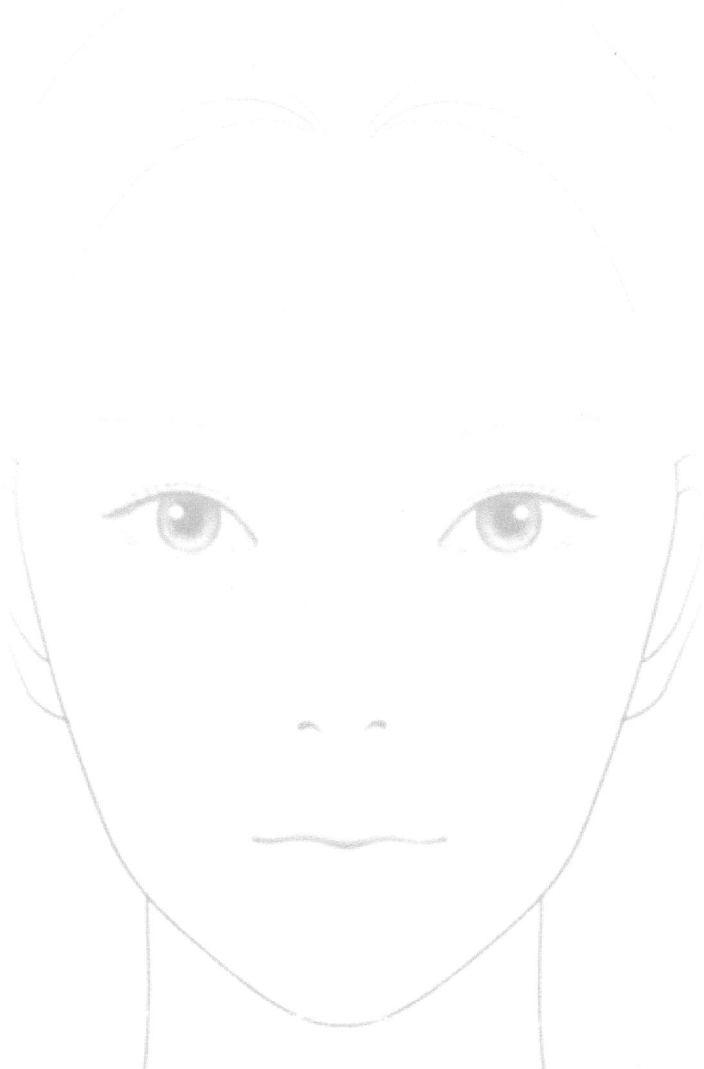

WORK

PHOTO HERE

5X7

2. 계절 메이크업

우리나라처럼 사계절이 뚜렷한 나라도 그리 흔치 않다. 우리는 1년을 봄, 여름, 가을, 겨울 사계절로 나눈다. 사계절마다 빛의 일조량이 각각 다르며, 그 일조량에 따라 자연의 색깔이 달라진다. 봄이면 파릇파릇한 새싹과 개나리, 진달래꽃이 만발한 산기슭, 여름이면 푸른파도와 삼복 더위, 가을은 앙상한 나뭇가지와 낙엽, 겨울은 하얀 눈, 난롯불이 저절로 연상될 만큼 우리 나라의 사계절은 계절의 변화가 가져다 주는 신선함과 축복을 만끽하게 한다. 그러나 무엇보다도 우선적으로 계절을 느끼게 하는 것을 꼽는다면 여성의 옷차림과 화장이라고 말할 수 있다. 계절감을 주는 메이크업이란 그 계절에 흔히 접할 수 있는 계절색을 사용하는 것을 말한다. 계절에 따라 메이크업의 형태, 색상, 질감 그리고, 메이크업의 이미지를 달리 표현하는 것을 계절 메이크업(Seasonal Makeup)이라 한다.

▸ 봄 메이크업

- 피　　부 - 봄 햇살의 따스함이 느껴지는 피부톤
- 아이섀도 - 노란색(개나리), 핑크(철쭉), 연두색(물오른 버드나무, 새싹)
- 립 스 틱 - 주황색(오렌지, 레몬색), 핑크(철쭉)

▸ 여름 메이크업

- 피　　부 - 햇볕에 그을려 건강해 보이는 듯 조금 어두운 피부톤
- 아이섀도 - 하늘색, 물색, 옥색
- 립 스 틱 - 차가운 핑크(라일락색), 토마토색, 딸기색

▸ 가을 메이크업

- 피　　부 - 가을 들녁같은 성숙함과 겸허함이 느껴지는 베이지톤
- 아이섀도 - 베이지, 브라운(낙엽색), 골드(황금빛 들녘)
- 립 스 틱 - 오렌지빛 갈색, 감색, 포도색

▸ 겨울 메이크업

- 피　　부 - 밝고 추위를 녹이는 온기가 느껴지는 핑크톤
- 아이섀도 - 핑크, 보라, 노랑(귤)
- 립 스 틱 - 레드(빨간 머플러, 화롯불)

2.1. 봄 메이크업

봄은 겨우내 얼었던 땅이 따뜻한 빛을 받음으로써 얼음이 녹고 씨앗이 터지고, 생기를 머금은 듯 파릇파릇한 새싹이 돋아난다. 봄색은 전적으로 맑고 밝은 색상들이다. 모든 색 속에 옐로가 섞여있고, 느낌이 선명하고 강하며 광채가 난다.

봄 메이크업(Spring Makeup)의 전체적 특징은 비격식(Informal) 화장이고, 자연스러운 화장, 면을 강조하는 화장 형태이다. 메이크업의 이미지는 산뜻함, 발랄함, 생명감, 생동감의 느낌으로 가볍고 화사하게 표현한다.

색조는 색감을 강조하지 않고, 고명도, 저채도의 파스텔 톤으로 옐로, 그린, 핑크를 중심 컬러로 하여 유사색 대비(옐로+오렌지)나 부드러운 보색대비(핑크+그린, 옐로+그린, 오렌지+그린)를 이용한다. 질감은 모이스춰라이저(Moisturizer) 질감으로 촉촉한 느낌을 살려서 표현한다.

봄 메이크업의 테크닉은 다음과 같다.

1) 베이스 메이크업

베이스는 리퀴드 타입의 파운데이션을 사용하여 투명감있고 밝게 피부표현을 하고 깨끗하고 촉촉한 느낌이 들도록 표현한다.

2) 포인트 메이크업

▸ 아이 메이크업

아이섀도는 눈 모양에 따라 색감이 부드럽게 표현되도록 하고 한두 가지의 색감을 사용하여 깨끗한 눈 화장이 되도록 한다. 개나리의 노랑, 철쭉의 핑크, 새싹의 연두, 그린 컬러 등을 사용한다. 라이너는 펜슬이나 포인트 섀도로 라인을 표현해 주며, 마스카라는 투명 마스카라 또는 핑크, 그린 컬러를 사용한다.아이브로우는 약간 두껍고 짧은 상승형으로 면 강조의 눈썹으로 그려주며 너무 흐려지지 않도록 한다.

▸ 립 메이크업

립은 밝은 고명도의 컬러를 사용하는데 상큼한 오렌지나 레몬에서 느낄 수 있는 주황색이나 철쭉에서 볼 수 있는 핑크를 이용하여 입술형태에 따라 그려준다. 립 메이크업의 질감은 쉬어 타입(Sheer Type)으로 촉촉하게 표현하도록 한다.

▸ 치크 메이크업

립 메이크업과 같은 계열의 색상을 사용하여 얼굴 형태에 따라 은은하고 자연스럽게 곡선형 터치로 생동감 있게 표현한다.

3) 피니쉬 메이크업

콤팩트 파우더로 하이라이트와 섀이딩을 자연스럽게 리터치 한다.

〈사진 7-4〉 봄 메이크업

IMAGE MAP

FACE CHART

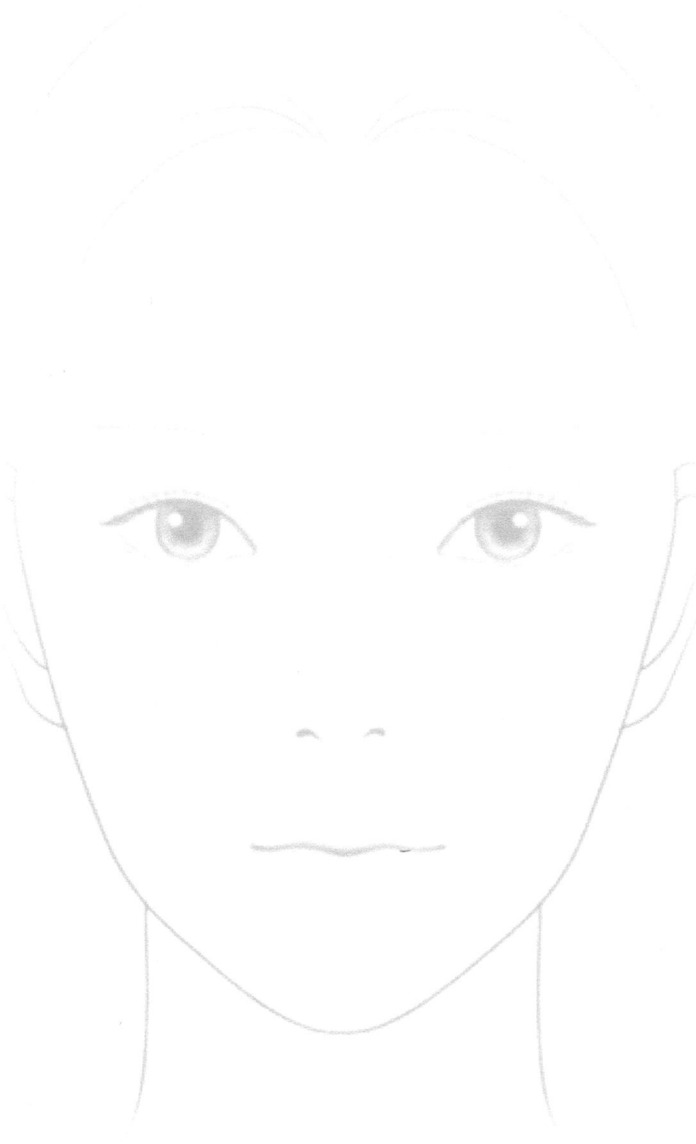

WORK

PHOTO HERE

5X7

2.2. 여름 메이크업

여름은 작열하는 태양 빛으로 인해 녹음이 짙어지고 하늘에는 흰 구름이 떠 있고 습도가 높아진다. 여름색은 연하고 마치 분과 같은 색깔들이다. 모든 색 속에 블루와 화이트가 섞여있는 파스텔 톤이다.

여름 메이크업(Summer Makeup)은 비격식 화장의 성격을 지니는 것으로, 강렬한 자외선으로부터 피부를 보호하는데 중점을 두고, 완벽한 화장보다는 눈과 입술 중 한 곳을 강조하는 원 포인트메이크업을 한다.

메이크업의 이미지는 우선 시원하고 상쾌함을 주어야 한다. 그리고 건강하고, 활동적이며, 동적인 이미지로 표현할 수 있고, 자극적인 표현도 가능하다. 색조는 초여름의 경우, 저명도, 고채도의 컬러와 어둡고 탁한 저명도, 저채도 컬러를 이용하는데 보색대비에 펄을 가미해도 좋다.

여름 메이크업의 대표적인 질감은 파우더리 질감으로 표현하며, 방수 효과를 위해 팬케이크 또는 트윈케이크를 사용한다.

여름 메이크업의 테크닉은 다음과 같다.

1) 베이스 메이크업

흰 피부보다는 여름철에는 건강하게 그을린 듯한 다갈색의 피부가 자연스럽다. 자외선 차단과 방수효과가 있는 제품을 선택하여 피부 자체는 건강하게 표현하되 피부를 보호해 주도록 한다. 특히 얼굴과 목과의 경계가 생기지 않도록 피니쉬 메이크업에 신경을 쓰도록 한다.

2) 포인트 메이크업

▶ 아이 메이크업

아이섀도는 너무 많은 색상을 사용하기 보다는 한두 가지의 색상을 사용하여 포인트를 주며, 시원한 물색이나 하늘색을 사용한다. 아이라인과 마스카라는 물과 땀에 강한 워터프루프 제품을 사용하여 화장이 쉽게 지워지거나 번지지 않도록 한다. 아이브로우는 조금은 뚜렷하고 선명한 상승형의 눈썹으로 깔끔하게 그려준다.

▸ 립 메이크업

스트레이트 커브로 차가운 핑크(라일락색), 토마토색, 딸기색 등 선명한 레드 컬러를 사용하여 그린다. 너무 번들거리지 않도록 매트한 질감으로 표현하도록 한다.

▸ 치크 메이크업

강렬한 자외선으로 인해 피부가 붉어지기 쉬우므로 블러셔는 생략하는 것도 좋다.

3) 피니쉬 메이크업

피니쉬 메이크업은 생략가능하다. 얼굴과 목과의 경계가 생기지 않았는지 확인한다.

〈사진 7-6〉 여름 메이크업

IMAGE MAP

FACE CHART

WORK

PHOTO HERE

5X7

2.3. 가을 메이크업

가을에는 푸르름을 자랑하던 녹음도 차가운 기운 속에 퇴색된 낙엽이 된다. 가을색은 땅 색과 같은 어둡고 연한 색들이다. 모든 색 속에 옐로와 블랙이 섞여있고 가라앉은 색이다.

가을 메이크업(Autumn Makeup)은 클래식하면서도 격식(Formal)이 있는 화장으로 완벽한 메이크업을 하게 되는 계절이기도 한다.

메이크업의 이미지는 차분하고 지적인 이미지로, 색상은 가을 들녘에서 볼 수 있는 베이지톤, 브라운, 골드, 감색, 포도색, 단풍에서 볼 수 있는 다크 옐로, 오렌지, 퍼플 등을 사용하여 유사색 메이크업을 해주면 효과적이다.

가을 메이크업의 질감은 파우더리하면서도 크리미 타입(Creamy Type)의 제품을 사용하여 표현한다.

가을 메이크업의 테크닉은 다음과 같다.

1) 베이스 메이크업

베이스 메이크업은 여름철 동안 치치고 피곤해진 피부에 미백효과를 더해주고 결점을 커버하는 완벽한 피부표현이 되도록 한다. 크림 타입으로 약간은 커버력 있고 차분하게 표현하며 아이보리나 베이지 계열의 웜 톤(Warm Tone)을 사용한다.

2) 포인트 메이크업

▸ 아이 메이크업

아이섀도는 의상색상에 맞추어 눈매에 따라 완벽한 눈화장이 되도록 하고 충분하게 그러데이션을 하도록 한다. 아이브로우는 깊이 있는 다크 브라운 색상을 이용하여 그려 주고, 아이라이너와 마스카라를 충분히 발라주어 풍부하게 표현해 준다.

▸ 립 메이크업

립은 가을 색상을 사용하여 입매를 또렷하게 살려주고 부드러운 색감이 표현되도록 한다.

▸ 치크 메이크업

가을 색상을 사용하여 광대뼈 밑으로 터치 해주어 얼굴에 입체감을 살려준다.

3) 피니쉬 메이크업

얼굴과 목과의 경계부분, 눈매, 입매를 점검하고 분백분을 한 번 더 발라 마무리한다. 콤팩트 파우더로 하이라이트와 섀이딩을 리터치 한다.

〈사진 7-8〉 가을 메이크업

IMAGE MAP

FACE CHART

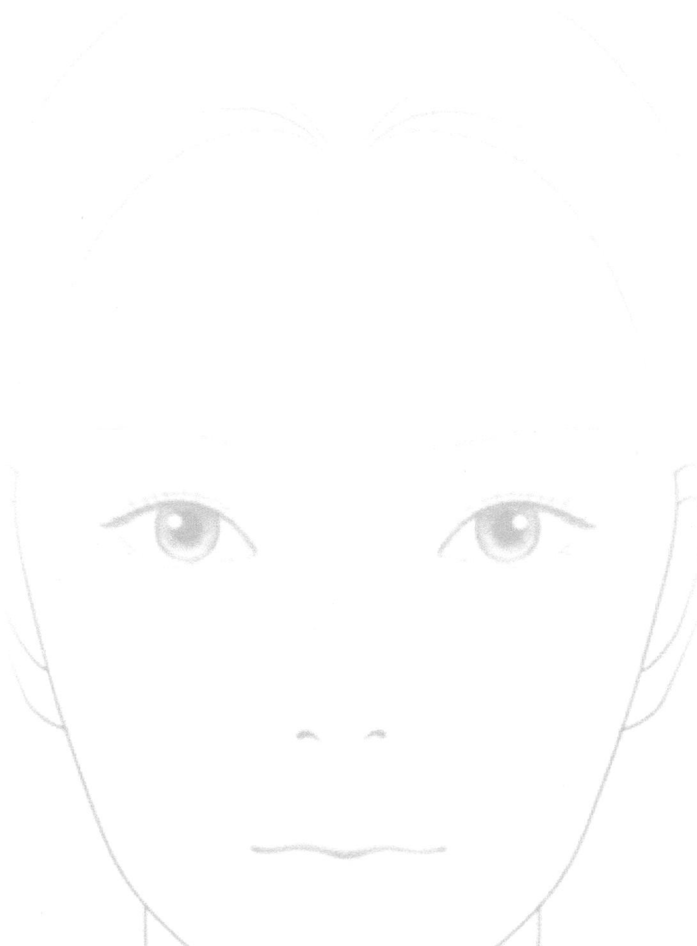

WORK

PHOTO HERE

5X7

2.4. 겨울 메이크업

겨울에는 얼음과 잿빛 하늘, 하얀 눈, 북풍추위가 연상된다. 모든 자연색에 검고 푸른 찬 빛이 감돈다. 겨울색은 밝고 생기 있고 강하다. 모든 색에 파란 색이 들어 있으며 선명하고 찬 느낌과 번쩍임이 있다.

겨울 메이크업(Winter Makeup)은 격식있는 화장의 형식을 띠게 된다. 베이스를 밝고 깨끗하게 표현해주고, 입체감을 부여하도록 한다.

메이크업의 이미지는 따뜻하고 성숙한 느낌으로 표현해주며, 주요 색상은 깊이 있는 딥 톤의 레드, 레드 브라운, 와인 등의 난색 계열과, 고채도, 저명도의 색조이고, 유사색 메이크업이 무난하다. 질감은 너무 건조한 느낌이 들지 않도록 한다.

겨울 메이크업의 테크닉은 다음과 같다.

1) 베이스 메이크업

베이스 메이크업은 꼼꼼하면서도 완벽한 메이크업이 되도록 하고 피부표현을 충분히 하도록 한다. 피부타입에 따라 너무 건조해지지 않도록 보습성분이 든 제품을 사용한다.

2) 포인트 메이크업

▸ 아이 메이크업

아이섀도는 콘트라스트가 있는 색감을 사용하게 되면 보다 입체감 있고 드라마틱한 느낌을 줄 수 있으므로 개성에 따라 입체감을 살려 표현한다. 아이라이너와 마스카라를 충분히 사용해 주고 아이브로우를 또렷하게 그려주어 눈의 풍부한 감성을 표현해 주도록 한다. 특별한 모임을 위해서는 인조 속눈썹을 붙이는 것도 좋다.

▸ 립 메이크업

아이보다 립 메이크업에 중점을 둔다. 입술의 형태에 따라 입체감을 살려 두 가지 색상을 사용해도 좋다. 특히 겨울철은 건조해지기 쉬우므로 립스틱 위에 립글로스를 바르도록 한다.

▸ **치크 메이크업**

추운 겨울철 창백하게 보이기 쉬우므로 얼굴에 건강한 혈색미를 주는 정도로 터치해 주도록 한다.

3) 피니쉬 메이크업

얼굴과 다른 부분과의 조화를 고려하여 분백분을 한번 더 발라 마무리하고 콤팩트 파우더로 하이라이트와 섀이딩을 리터치 한다.

〈사진 7-10〉 겨울 메이크업

IMAGE MAP

FACE CHART

WORK

PHOTO HERE

5X7

부록

1. 페이스 차트

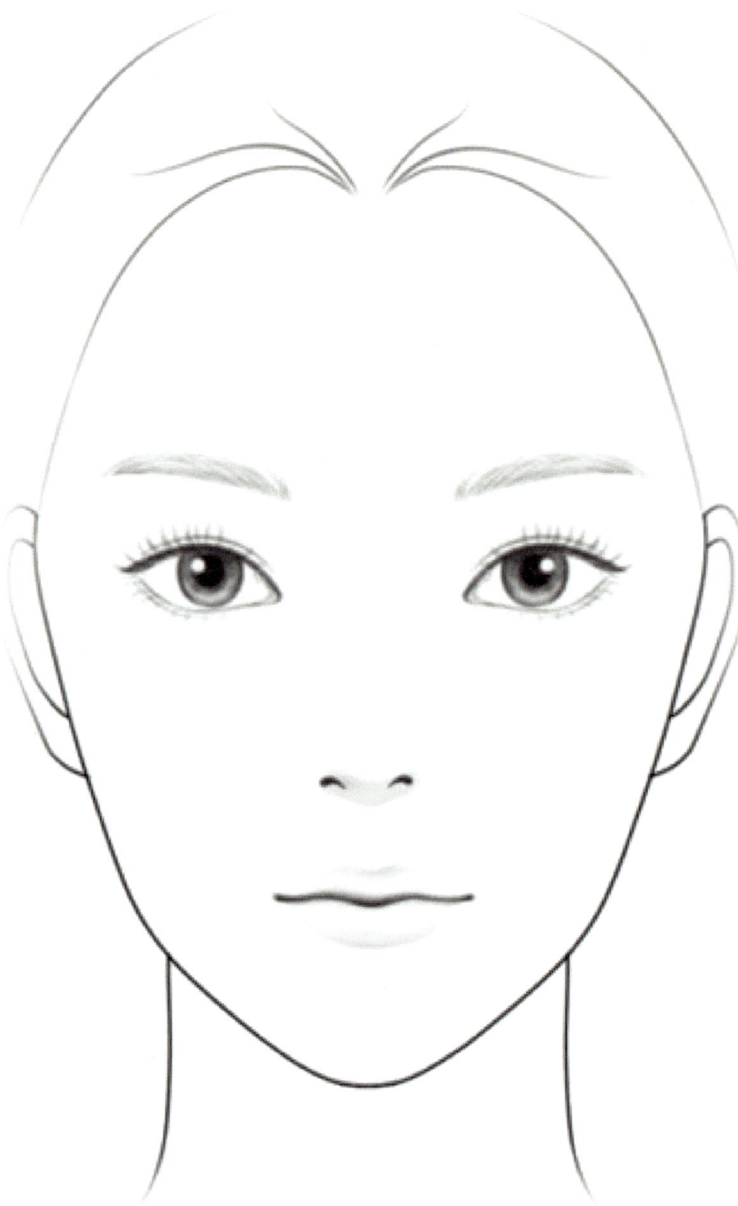

2. 메이크업 워크시트

Makeup Worksheet

년 월 일

▶ 메이크업 테 마 :

▶ 메이크업 이미지 :

▶ 메이크업 포인트 :

▶ 장 소 : ▶ 모 델 : (세)

▶ 메이크업아티스트 : (인)

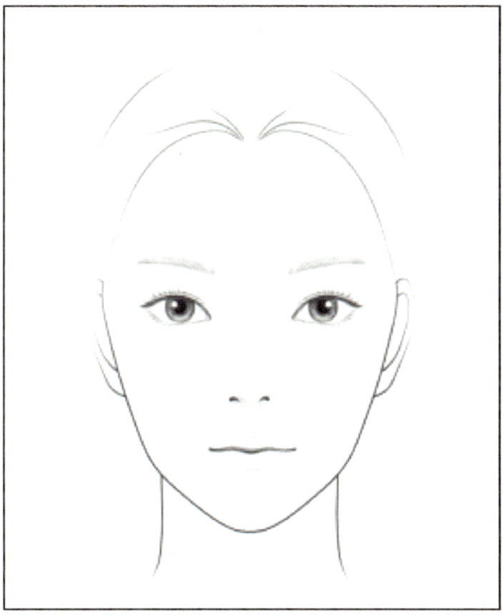

Photo

▶ 메이크업

- 베이스 메이크업
- 포인트 메이크업
- 피니쉬 메이크업

▶ 코디네이션(헤어/의상/소품)

3. 메이크업 아티스트 직무분석(한국직업능력개발원,2000)

1) 직종명 : 메이크업 아티스트

2) 직무의 정의: 고객과의 상담을 통하여 T(time). P(place). O(occasion)에 부합하는 개인적, 상업적, 예술적 분야에 따라 창조적인 메이크업을 표현하는 것이다. 즉 일반적인 뷰티 메이크업, 특수효과를 얻기 위한 메이크업, 영상(영화, T.V, 광고), 무대(오페라, 연극, 뮤지컬), 이벤트 등을 포함한다.

3) 직무의 흐름도

책무	작업				
A 정보관리 및 기획	A-1 각종 정보 수집	A-2 정보 관리 및 개발	A-3 인사 관리	A-4 홍보 및 섭외	A-5 고객 관리
B 고객상담	B-1 고객요구 파악	B-2 작품분석 및 방향 설정	B-3 작품논의 및 수정	B-4 작품 계약	
C 디자인 계획	C-1 인물성격 파악	C-2 연출요구 파악	C-3 디자인 계획	C-4 아이디어 스케치	C-5 평가 및 보완작업
	C-6 최종 디자인				
D 준비	D-1 작업실 위생관리	D-2 제품, 도구, 기구의 위생관리 및 준비	D-3 소품 준비	D-4 특수용품 준비	D-5 촬영 섭외
E 메이크업	E-1 클렌징	E-2 피부정돈	E-3 눈썹 정리 및 컬러링	E-4 베이스 메이크업	E-5 포인트 메이크업
	E-6 피니쉬 메이크업	E-7 헤어 손질	E-8 네일 손질	E-9 스타일 연출	E-10 전체 수정 보완

4) 직업 명세서

1. 직업 분류

직 업 명	한글	화장 및 분장사	K.S.C.O.(No)	41291
	영문	Makeup Artist		
현장직업명	메이크업 아티스트, 분장사, 분장가, 화장사		교육훈련수준	제2 · 3직능
교육훈련직종명	메이크업 아티스트		자격종목명	메이크업 분장가

2. 직무 수행에 필요한 조건

적정교육 훈련기관	고등학교, 학원 전문대학, 대학교, 직업학교, 평생교육원, 복지회관	교육훈련 기 간	6개월에서 4년	최소교육정도	고졸
견습기간 (OJT)	6개월에서 1년	신체제약 조 건	손기능 장애, 색맹, 전염성질환(결핵성환자, 피부질환), 청각장애, 약시, 정신질환, 약시		
직 업 적 성	정신적	• 의사 소통능력이 뛰어나고 원만한 대인관계 • 유행에 관한 정보 수집 능력과 각 분야에 따라 대상과 상황에 따른 목적에 알맞은 창의적인 연출 능력 • 정보를 수집 · 분석 · 기획하는 능력 • 마케팅 수행 및 인적 물적 관리 능력 • 시각적으로 정확하고 예민한 판단 능력			
	신체적	• 민첩하고 섬세한 손놀림 • 건강한 신체와 체력 • 컬러링 감각과 조형 표현 능력			

<table>
<tr><td colspan="3">3. 인력양성 실태 및 취업 경로</td></tr>
<tr><td rowspan="2">양 성
기 관</td><td>교
육</td><td>고등학교(3년), 고등기술학교 (1년, 2년), 직업학교(2년)
전문대학(2년), 대학교(4년)</td></tr>
<tr><td>훈
련</td><td>전문학원(6개월에서 1년)
사회복지 기관 및 평생교육원</td></tr>
<tr><td colspan="2">취 업
경 로</td><td>진학(전문대학 및 대학교), 화장품회사, 방송국, 광고기획사, 영화제작사
이벤트업체, 연극 및 오페라 무대, 학원강사, 프리랜서
전문메이크업샵, 웨딩샵 , 사진스튜디오, 미용실</td></tr>
<tr><td colspan="2">채용 방법</td><td>• 공채
• 수시채용
• 지인소개</td></tr>
<tr><td colspan="2">직업활동영역</td><td>메이크업 관련업체, 웨딩샵, 화장품회사, 학교 및 학원, 광고 기획사 및 영화제작사, 프리랜서, 사진스튜디오</td></tr>
<tr><td colspan="2">임금 수준</td><td>업체 및 직무특성에 따라 다름</td></tr>
<tr><td colspan="2" rowspan="2">승진 및 전직</td><td>[승진] 직업 활동이나 각 업체에 따라 다름</td></tr>
<tr><td>[전직]</td></tr>
</table>

<table>
<tr><td colspan="2">4. 작업 환경 조건</td></tr>
<tr><td>작업조건</td><td>• 조명 시설이 잘 갖추어지고, 온도, 습도가 적당한 쾌적한 작업 공간
• 거울이 부착된 화장대와 높낮이 조절이 가능한 의자
• 메이크업의 결과에 따라 사진 작업이 필요한 스튜디오 시설
• 세면대 등 물 사용 시설이 갖추어진 공간
• 환기 시설이 잘 갖추어진 공간</td></tr>
<tr><td>안전 및 위생</td><td>• 온도 습도가 적당한 쾌적한 시설 구비
• 환기 및 소독이 용이</td></tr>
<tr><td colspan="2">5. 관련 직업과의 관계</td></tr>
<tr><td>직업행렬</td><td>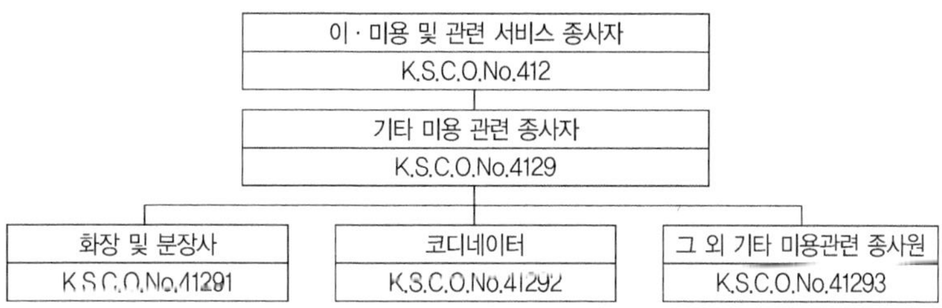
</td></tr>
<tr><td>설　명</td><td>메이크업 아티스트는 한국표준직업분류에 화장 및 분장사라는 직업명으로 표기되어 있다. 구체적으로는 중분류상 이 · 미용 및 관련 서비스 종사자(K.S.C.O.No.412)에 속해 있고, 세분류는 기타 미용 관련 서비스 종사자(K.S.C.O.No.4129)에 속한다. 세세분류상 메이크업 아티스트와 관련되는 직업군은 코디네이터, 기타 미용 관련 종사원으로 나타낼 수 있으며, 이 외에도 미용사가 관련된다고 볼 수 있다.
메이크업 아티스트는 2 · 3 직능 수준에서 수행할 수 있는 직무이다. 메이크업 아티스트의 분야는 일반인들을 대상으로 아름다움과 개성을 살려줄 수 있는 뷰티 메이크업 분야, 방송 · 광고 · 영화작품의 메이크업을 연출하는 영상메이크업 분야, 오페라 연극 작품의 메이크업을 연출하는 무대메이크업 분야 그리고 영상무대메이크업, 작품의 특성에 따라 특수 메이크업 효과를 요구하는 특수 메이크업 분야가 있다.
현재는 미용사 자격과 면허에 메이크업 아티스트 업무를 수행할 수 있는 자격이 함께 주어졌다. 그러나 메이크업 아티스트 직무의 전문성 확보를 위해 1998년부터 각 협회 주관으로 메이크업 자격시험이 실시되어 민간 차원의 독립된 자격체계를 갖추기 시작하였다. 메이크업 아티스트는 화장뿐만 아니라 작품의 특성에 맞게 의상이나 헤어스타일 등을 코디네이션 할 줄 알아야 한다. 따라서 메이크업 아티스트의 직무에는 코디네이터와 미용사의 직무가 부분적으로 결합되어 있으나 현장 직무 수행에 있어서는 각 분야 전문가의 협력이 필요하다.</td></tr>
</table>

6. 직업기초 능력	
영 역	세부 내용
의사소통능력	• 고객을 상대로 원만한 업무수행을 위하여 의견교환 및 전달을 할 수 있는 의사소통 능력
수리 능력	• 기본적인 수리 이해 능력이 요구
문제해결 능력	• 고객과의 상담을 통해 고객의 요구에 적합한 대안제시 및 표현 능력
자기관리 및 개발 능력	• 건강한 신체와 정신을 유지, 관리하는 능력 및 유행이나 정보의 지속적인 습득을 통해 전문적인 능력 개발
자원활용 능력	• 인적 · 물적 자원 조직 및 관리 활용 능력 유지
대인관계 능력	• 리더쉽이나 서비스 능력 배양으로 고객이나 조직원간의 원만한 대인관계 유지
정보 능력	• 전문서적, 인터넷, 트랜드 정보사들을 통해 새로운 트랜드 정보 수집 · 분석 활용 • 새로운 메이크업 관련 제품, 기술 정보의 지속적인 습득 • 자료를 저장 · 활용할 수 있는 컴퓨터 조작 능력 개발
기술 능력	• 기본적인 메이크업 기술 능력 요구 • 새로운 트랜드와 제품, 기법 등의 습득 및 적용
조직이해 능력	• 인적 자원의 효율적인 배치와 관리를 위한 조직원간의 상호협력 및 조직원에 대한 이해 요구
설 명	

5) 직무 명세서

1. 직무 기술					
고객과의 상담을 통해 고객의 요구에 맞는 메이크업을 시술하는 자					
2. 작업 일람표					
책무	No	작 업 명	작업의 난이도		
			하	중	상
A 정보 관리 및 기획	1	각종 정보 수집		○	
	2	정보 관리 및 개발			○
	3	인사 관리			○
	4	홍보 및 섭외			○
	5	고객관리			○
B 고객 상담	1	고객 요구 파악			○
	2	작품분석 및 방향 설정			○
	3	작품논의 및 수정			○
	4	작품 계약			○
C 디자인 계획	1	인물 성격 파악			○
	2	연출 요구 파악			○
	3	디자인 계획			○
	4	아이디어 스케치			○
	5	평가 및 보완작업			○
	6	최종 디자인			○
D 준비	1	작업실 위생관리	○		
	2	제품, 도구, 기기의 위생관리 및 준비	○		
	3	소품 준비		○	
	4	특수용품 준비			○
	5	촬영 섭외		○	
E 메이크업	1	클렌징	○		
	2	피부 정돈	○		
	3	눈썹 정리 및 컬러링			
	4	베이스 메이크업			○
	5	포인트 메이크업			○
	6	피니쉬 메이크업			○
	7	헤어 손질			○
	8	네일 손질		○	
	9	스타일 연출			○
	10	전체 수정보완			○

3. 핵심 작업(Key Task)

책무	No	작 업 명	교육훈련 필요도			교육훈련 적용 방법			
			1 순위	2 순위	3 순위	교실 훈련	직무 보조 자료	현장 훈련	재 훈련
A	1	각종 정보 수집	○			○	○	○	○
	2	정보 관리 및 제품 개발	○			○	○	○	○
	3	인사 관리	○			○			
	4	홍보 및 섭외	○			○		○	
	5	고객 관리	○			○	○	○	
B	1	고객 요구 파악	○			○	○	○	
	2	작품 분석 및 방향 설정	○			○	○	○	○
	3	작품 논의 및 수정	○			○	○	○	○
	4	작품 계약(제품 사용 설명 및 권유)	○			○		○	
C	1	인물 성격 파악	○			○	○	○	
	2	연출 요구 파악	○			○	○	○	
	3	디자인 계획(칼라 및 스타일 분석)	○			○	○	○	○
	4	아이디어 스케치(시안 작성)	○			○	○	○	○
	5	평가 및 보완작업	○			○		○	○
	6	최종 디자인	○			○	○	○	○
D	1	작업실 위생관리	○			○	○	○	
	2	제품, 도구, 기기의 위생관리 및 준비	○			○	○	○	
	3	소품 준비	○			○	○	○	○
	4	특수용품 준비	○			○	○	○	○
	5	촬영 섭외	○			○	○	○	
E	1	클렌징		○		○	○	○	
	2	피부정돈		○		○	○	○	
	3	눈썹 정리 및 컬러링	○			○		○	○
	4	베이스 메이크업	○			○		○	○
	5	포인트 메이크업	○			○		○	○
	6	피니쉬 메이크업	○			○		○	
	7	헤어 손질	○			○	○	○	○
	8	네일 손질	○			○	○	○	○
	9	스타일 연출	○			○	○	○	○
	10	전체 수정 보완	○			○		○	

4. 소요 장비 (사무용 기계)일람표 -1

품 명	소요장비	
	주장비	보조장비
화장대	○	○
메이크업의자	○	
조명	○	
보조의자		○
인사관리에 필요한 자료(신상카드, 고객카드, 컴퓨터 S/W)	○	
컬러진단 용품(컬러천, 컬러칩)		○
자외선 소독기	○	
인터넷	○	
컴퓨터	○	
프린터		○
스캐너		○
빔프로젝트	○	
OHP	○	
실물화상기	○	
T.V		○
VTR		○
디지털카메라	○	
비디오카메라	○	
전화		○
마네킨		○
일러스트레이션지	○	
스크랩북		○
서류함		○
화장품 진열장		○
가발 진열장		○
서적진열장		○
온도계		○
습도계		○
에어컴프레서, 에어건	○	
오븐기	○	
믹서기	○	
전자저울		○
콘크리트드릴		○
계량컵		○
조각도구		○
트레이어(치아틀 제작용구)	○	
컬리퍼스(얼굴형 측정 도구)		○
거울(삼면경)		○

4. 소요 장비 (사무용 기계)일람표-2

품 명	소요공구(용품)	
	비소모성	소모성
석고		○
볼드캡		○
수염망		○
수염바늘	○	
수염용 핀셋	○	
가위	○	
메이크업키트	○	
온타올 집기	○	
스크랩북		○
블로우드라이어	○	
각종 가발 및 수염		○
수염용 빗		○
브러시셋	○	
메이크업 스폰지		○
인조속눈썹		○
화장솜		○
케이프		○
타올	○	
족집게		○
눈썹수정용가위		○
면봉	○	
분첩	○	
스패출라		○
아이론		○
핀셋	○	
헤어밴드	○	
메이크업 패턴지		○
색연필	○	
손톱용 가위	○	
손톱용 푸셔	○	
우드스틱	○	
손톱화일(줄)	○	
바디페인팅용 브러시	○	
돋보기	○	
줄자		○
콘크리트 드릴		○
업무용 매뉴얼(업무 분장 및 사규 등)		○
조각도구	○	
계량컵	○	
상투	○	
민상투		○
트레머리		○
손톱용 드라이어		○
주입기	○	
클리퍼		○
손톱용 니퍼	○	
핑거볼	○	
인조 손톱		○
염색용 브러시	○	

6) 작업 명세서

<table>
<tr><td>1. 작 업 명</td><td colspan="5">A-1 각종 정보수집</td></tr>
<tr><td>2. 성취수준</td><td colspan="5">메이크업 관련된 정보를 각종 매체를 통해 수집하여 활용할 수 있도록 준비한다.</td></tr>
<tr><td colspan="3" rowspan="2">3. 작업요소</td><td colspan="3">작업의 난이도</td></tr>
<tr><td>하</td><td>중</td><td>상</td></tr>
<tr><td colspan="3">(1) 메이크업 관련 각종 패션 전문지, 정보지, 서적, 트랜드쇼 등을 통하여 메이크업 관련 정보 수집</td><td></td><td>○</td><td></td></tr>
<tr><td colspan="3">(2) 새로운 메이크업 경향 및 기술, 다양한 메이크업 제품 정보 수집</td><td></td><td></td><td>○</td></tr>
<tr><td colspan="3">(3) 새로운 컬러 정보 수집</td><td></td><td>○</td><td></td></tr>
<tr><td colspan="3">(4) 메이크업 이미지 조사</td><td></td><td>○</td><td></td></tr>
<tr><td colspan="3">(5) 소비자의 요구 조사 및 분석</td><td></td><td></td><td>○</td></tr>
<tr><td colspan="3">난이도 평균</td><td></td><td></td><td>○</td></tr>
<tr><td rowspan="2">4. 소요상비
(사무용기계)</td><td>주장비</td><td colspan="4">디지털 카메라, 캠코더, 비디오, 사진기, 스크랩북</td></tr>
<tr><td>보조장비</td><td colspan="4">컴퓨터, 프린트, 가위, 색인표</td></tr>
<tr><td colspan="6">5. 관련 지식 및 기능</td></tr>
<tr><td colspan="3">지 식</td><td colspan="3">기 능</td></tr>
<tr><td colspan="3">• 색채 배색의 원리
• 외국어 읽기, 쓰기(영어, 불어등)
• 소비자 심리 분석
• 패션정보
• 유행 트랜드 분석
• 메이크업 이론 및 실기
• 정보 활용
• 색채 분석력 및 활용
• 인터넷 활용
• 메이크업 및 패션 정보
• 트랜드 분석</td><td colspan="3">• 컴퓨터 활용 능력
• 외국어 독해 및 회화
• 일러스트레이션
• 디자인 감각
• 컴퓨터 조작
• 사진기 조작
• 디지털카메라 조작
• 캠코더 조작
• 코디네이션 감각</td></tr>
</table>

<table>
<tr><td>1. 작 업 명</td><td colspan="4">A-2 정보관리 및 개발</td></tr>
<tr><td>2. 성취수준</td><td colspan="4">수집된 자료를 활용목적에 맞추어 체계적으로 관리하고, 고객의 다양한 요구 및 새로운 메이크업 경향 등에 맞춰 활용할 수 있도록 T.O.P에 맞추어 활용할 수 있도록 고객의 다양한 요구 및 새로운 메이크업 경향을 반영하여 기본적인 메이크업 제안서를 개발한다.</td></tr>
<tr><td colspan="2" rowspan="2">3. 작업요소</td><td colspan="3">작업의 난이도</td></tr>
<tr><td>하</td><td>중</td><td>상</td></tr>
<tr><td colspan="2">(1) 메이크업과 관련된 새로운 경향 등 다양한 정보를 분석. 관리</td><td>○</td><td></td><td></td></tr>
<tr><td colspan="2">(2) 수집된 정보를 활용목적에 맞춰 이론 및 시각적 자료로 분류</td><td></td><td></td><td>○</td></tr>
<tr><td colspan="2">(3) 고객의 메이크업 수요 파악</td><td></td><td>○</td><td></td></tr>
<tr><td colspan="2">(4) 수집된 정보를 종합적으로 고객에게 전달할 수 있는 제안서 개발하고 T.P.O.에 맞춰 자료를 활용할 수 있도록 아이템 개발</td><td>○</td><td></td><td></td></tr>
<tr><td colspan="2">(5) 소비자 조사결과를 체계적으로 관리하고 제품개발제안에 활용</td><td></td><td>○</td><td></td></tr>
<tr><td colspan="2">(6) 소비자 조사결과를 제품계발에 반영</td><td>○</td><td></td><td></td></tr>
<tr><td colspan="2">(7) 고객의 다양한 요구를 반영한 새로운 제안서 개발</td><td>○</td><td></td><td></td></tr>
<tr><td colspan="2">난이도 평균</td><td>○</td><td></td><td></td></tr>
<tr><td rowspan="2">4. 소요장비
(사무용기계)</td><td>주장비</td><td colspan="3">스크랩북, 색연필, 일러스트레이션 지(작업스케치북), 품평지, 스케치 연필, 파스텔, 물감, 화일링북</td></tr>
<tr><td>보조장비</td><td colspan="3">메이크업 제품, 이미지 시트, 질문지, 품평 결과 패턴, 전화, 컴퓨터 및 프린터</td></tr>
<tr><td colspan="5">5. 관련 지식 및 기능</td></tr>
<tr><td colspan="2">지 식</td><td colspan="3">기 능</td></tr>
<tr><td colspan="2">• 화장품학, 메이크업 이론, 컬러 분석
• 상담원리 및 기법, 요구 조사 및 자료 분석
• 경영 및 마케팅
• 외국어 읽기, 쓰기
• 메이크업 이론 및 실기
• 정보 분석
• 인터넷 활용
• 색채 분석 및 활용
• 제품 개발
• 디자인 스케치
• 정보 활용
• 트랜드 분석</td><td colspan="3">• 일러스트레이션
• 메이크업 시술 기술
• 상담하기
• 요구, 자료 분석
• 디자인 감각
• 색채 감각
• 코디네이션 감각
• 컴퓨터 조작
• 사진기 조작
• 디지털카메라 조작
• 캠코더 조작</td></tr>
</table>

1. 작 업 명	A-3 인사 관리
2. 성취수준	디자인 제안 및 개발의 주어진 업무를 원활하게 수행할 수 있도록 (섭외, 기획) 직원을 효과적으로 조직하고 관리한다.

3. 작업요소	작업의 난이도		
	하	중	상
(1) 업무 수행을 원활히 수행할 수 있도록 직원조직 구성			○
(2) 업무 수행에 적합한 직원 배치		○	
(3) 업무 수행을 원활하게 할 수 있도록 교육			○
(4) 업무 수행 결과를 직원관리 및 인사에 반영		○	
난이도 평균			○

4. 소요상비 (사무용기계)	주장비	컴퓨터 S/W, 신상카드
	보조장비	컴퓨터

5. 관련 지식 및 기능

지 식	기 능
• 인사관리, 경영상담, 컴퓨터 활용 • 인사관리 • 상담 • 실무 수행 • 컴퓨터 활용 • 면접	• 컴퓨터 활용 능력 • 면접 능력 • 직무 능력

1. 작 업 명	A-4 홍보 및 섭외
2. 성취수준	고객의 요구를 파악하여 홍보 매체를 통하여 새로운 고객과 기존 고객의 지속적인 관리를 위해 홍보 활동을 전개 할 수 있다.

3. 작업요소	작업의 난이도		
	하	중	상
(1) 마케팅 수행능력 개발			○
(2) 소비자 요구 분석결과를 실무에 반영		○	
(3) 홍보대상 및 방법, 매체 선정			○
(4) 수요파악 결과를 토대로 섭외			○
(5) 홍보물 제작, 배포		○	○
(6) 홍보 및 섭외결과를 다음 활동에 반영		○	
난이도 평균			○

4. 소요장비 (사무용기계)	주장비	컴퓨터, 전화
	보조장비	

5. 관련 지식 및 기능

지 식	기 능
• 홍보 기획 • 고객 서비스 • 인터넷 활용 • 상담원리와 기법	• 컴퓨터 활용 • 기획 능력

1. 작 업 명	A-5 고객 관리
2. 성취수준	고객의 요구에 의해 파악 된 결과를 종합적으로 분석하고, 다양한 홍보 매체를 통해 고객 관리 유치

3. 작업요소	작업의 난이도		
	하	중	상
(1) 개인 및 업체의 요구와 특성 파악		○	
(2) 파악된 결과에 따라 요구나 특성에 맞는 제안서 작성			○
(3) 만들어진 제안서의 프레젠테이션		○	
(4) 작품에 대한 고객만족도 조사 및 사후관리			○
(5) DM, e-mail 등을 활용하여 고객관리		○	
난이도 평균		○	

4. 소요장비 (사무용기계)	주장비	컴퓨터, 전화
	보조장비	고객카드 및 신상명세서

5. 관련 지식 및 기능

지 식	기 능
• 마케팅 원리 • 고객 심리 원리와 기법 • 매스미디어 정보 활용 • 컴퓨터 활용	• 상담 및 프리젠테이션 기술 • 컴퓨터 활용 능력

<table>
<tr><td>1. 작 업 명</td><td colspan="4">B-1 고객 요구 파악</td></tr>
<tr><td>2. 성취수준</td><td colspan="4">최선의 메이크업의 시술을 위하여, 고객의 메이크업 의도를 파악하며 고객의 특성을 파악 할 수 있다.</td></tr>
<tr><td colspan="2" rowspan="2">3. 작업요소</td><td colspan="3">작업의 난이도</td></tr>
<tr><td>하</td><td>중</td><td>상</td></tr>
<tr><td colspan="2">(1) 고객과의 상담을 통해 메이크업 의도(T.P.O.) 파악</td><td></td><td>○</td><td></td></tr>
<tr><td colspan="2">(2) 고객과의 상담을 통해 고객의 특성 파악</td><td></td><td></td><td>○</td></tr>
<tr><td colspan="2">(3) 고객이 선호하는 스타일이나 메이크업 이미지 파악</td><td></td><td></td><td>○</td></tr>
<tr><td colspan="2">(4) 다양한 제안을 제시하면서 고객과 상담</td><td></td><td></td><td>○</td></tr>
<tr><td colspan="2">(5) 고객의 피부상태를 파악 분석</td><td></td><td>○</td><td></td></tr>
<tr><td colspan="2">난이도 평균</td><td></td><td></td><td>○</td></tr>
<tr><td rowspan="2">4. 소요장비
(사무용기계)</td><td>주장비</td><td colspan="3">컴퓨터 S/W</td></tr>
<tr><td>보조장비</td><td colspan="3">메이크업 시트지, 정보수집 스크랩북</td></tr>
<tr><td colspan="5">5. 관련 지식 및 기능</td></tr>
<tr><td colspan="2">지 식</td><td colspan="3">기 능</td></tr>
<tr><td colspan="2">• 메이크업 이론
• 코디네이션 이론
• 색상 이론
• 상담 원리 및 기법
• 컴퓨터 활용</td><td colspan="3">• 일러스트레이션 능력
• 컴퓨터 활용 능력</td></tr>
</table>

<table>
<tr><td>1. 작 업 명</td><td colspan="4">B-2 작품분석 및 방향 설정</td></tr>
<tr><td>2. 성취수준</td><td colspan="4">고객의 특성 및 요구에 따른 새로운 인물을 분석 할 수 있다</td></tr>
<tr><td colspan="2" rowspan="2">3. 작업요소</td><td colspan="3">작업의 난이도</td></tr>
<tr><td>하</td><td>중</td><td>상</td></tr>
<tr><td colspan="2">(1) 고객의 요구 및 특성에 맞춰 메이크업 디자인 방향 설정
(2) 고객의 메이크업 의도에 맞게 작품 분석</td><td></td><td></td><td>○
○</td></tr>
<tr><td colspan="2">난이도 평균</td><td></td><td></td><td>○</td></tr>
<tr><td rowspan="2">4. 소요장비
(사무용기계)</td><td>주장비</td><td colspan="3">컴퓨터</td></tr>
<tr><td>보조장비</td><td colspan="3"></td></tr>
<tr><td colspan="5">5. 관련 지식 및 기능</td></tr>
<tr><td colspan="2">지 식</td><td colspan="3">기 능</td></tr>
<tr><td colspan="2">• 메이크업 이론
• 토털 코디네이션
• 소품 및 배경 특성
• 메이크업 트랜드 정보</td><td colspan="3">• 컴퓨터 시뮬레이션
• 패턴 작성
• 작품기획 및 설계</td></tr>
</table>

<table>
<tr><td>1. 작 업 명</td><td colspan="5">B-3 작품논의 및 수정</td></tr>
<tr><td>2. 성취수준</td><td colspan="5">작품 분석 결과에 따른 메이크업 디자인을 제안, 프리젠테이션 할 수 있다.</td></tr>
<tr><td colspan="3" rowspan="2">3. 작업요소</td><td colspan="3">작업의 난이도</td></tr>
<tr><td>하</td><td>중</td><td>상</td></tr>
<tr><td colspan="3">(1) 메이크업 디자인 의도에 따라 다양한 작품 제안서 제시</td><td></td><td></td><td>○</td></tr>
<tr><td colspan="3">(2) 제시한 제안서를 토대로 고객과 작품 방향 의논</td><td></td><td>○</td><td></td></tr>
<tr><td colspan="3">(3) 스타일이나 색상에 맞춰 작품제안서 수정, 보완</td><td></td><td></td><td>○</td></tr>
<tr><td colspan="3">(4) 최종 프레젠테이션 실시</td><td></td><td>○</td><td></td></tr>
<tr><td colspan="3">난이도 평균</td><td></td><td>○</td><td></td></tr>
<tr><td rowspan="2">4. 소요장비
(사무용기계)</td><td>주장비</td><td colspan="4">컴퓨터, 빔프로젝트, 실물화상기</td></tr>
<tr><td>보조장비</td><td colspan="4">메이크업 패턴지, 컴퓨터 S/W</td></tr>
<tr><td colspan="6">5. 관련 지식 및 기능</td></tr>
<tr><td colspan="3">지 식</td><td colspan="3">기 능</td></tr>
<tr><td colspan="3">• 메이크업 이론
• 일러스트레이션 및 컴퓨터 시뮬레이션
• 컴퓨터 활용</td><td colspan="3">• 프레젠테이션 기술
• 컴퓨터 활용 능력
• 일러스트레이션 기술</td></tr>
</table>

1. 작 업 명	B-4 작품 계약
2. 성취수준	최종 디자인의 결과를 가지고 계약 체결을 할 수 있다.

3. 작업요소	작업의 난이도		
	하	중	상
(1) 최종 작품제안서에 장, 단점 설명하기		○	
(2) 인적, 물적 자원의 특성 및 능력을 설명하기			○
(3) 선정된 디자인 제안서로 상호계약 체결하기			○
난이도 평균			○

4. 소요장비 (사무용기계)	주장비	컴퓨터, 빔프로젝트
	보조장비	컴퓨터S/W

5. 관련 지식 및 기능

지 식	기 능
	• 작품 표현에 따른 설명력 • 의사소통 능력

<table>
<tr><td>1. 작 업 명</td><td colspan="4">C-1 인물 성격 파악</td></tr>
<tr><td>2. 성취수준</td><td colspan="4">작품인물의 특성을 파악하여 고객의 요구에 적합한 인물을 창조 할 수 있다.</td></tr>
<tr><td colspan="2" rowspan="2">3. 작업요소</td><td colspan="3">작업의 난이도</td></tr>
<tr><td>하</td><td>중</td><td>상</td></tr>
<tr><td colspan="2">(1) 작품 주문서에 제시된 인물 분석
(2) 고객과의 상담을 통하여 작품인물에 대해 의논
(3) 인물의 성격 표현의 한계와 장, 단점 파악</td><td></td><td></td><td>○
○
○</td></tr>
<tr><td colspan="2">난이도 평균</td><td></td><td></td><td>○</td></tr>
<tr><td rowspan="2">4. 소요장비
(사무용기계)</td><td>주장비</td><td colspan="3">칼라 진단 용품</td></tr>
<tr><td>보조장비</td><td colspan="3"></td></tr>
<tr><td colspan="5">5. 관련 지식 및 기능</td></tr>
<tr><td colspan="2">지 식</td><td colspan="3">기 능</td></tr>
<tr><td colspan="2">• 화장 문화
• 인체의 골격 및 근육 구조
• 영상, 무대 메이크업 연출법
• 이미지 분석과 인물 디자인</td><td colspan="3">• 작품 분석 능력
• 인물 디자인
• 이미지 분석</td></tr>
</table>

<table>
<tr><td>1. 작 업 명</td><td colspan="4">C-2 연출 요구 파악</td></tr>
<tr><td>2. 성취수준</td><td colspan="4">개인 및 작품을 통한 요구 분석을 통하여 새로운 인물을 연출할 수 있다.</td></tr>
<tr><td colspan="2" rowspan="2">3. 작업요소</td><td colspan="3">작업의 난이도</td></tr>
<tr><td>하</td><td>중</td><td>상</td></tr>
<tr><td colspan="2">(1) 작품주문서 파악, 분석</td><td></td><td></td><td>○</td></tr>
<tr><td colspan="2">(2) 작품의도 상호 협의</td><td></td><td>○</td><td></td></tr>
<tr><td colspan="2">(3) 원하는 작품 연출 스타일 파악</td><td></td><td></td><td>○</td></tr>
<tr><td colspan="2">난이도 평균</td><td></td><td></td><td>○</td></tr>
<tr><td rowspan="2">4. 소요장비
(사무용기계)</td><td>주장비</td><td colspan="3">난이도 평균</td></tr>
<tr><td>보조장비</td><td colspan="3"></td></tr>
<tr><td colspan="5">5. 관련 지식 및 기능</td></tr>
<tr><td colspan="2">지 식</td><td colspan="3">기 능</td></tr>
<tr><td colspan="2">• 코디네이션
• 작품 분석
• 연출 기법</td><td colspan="3">• 작품 분석 능력
• 일러스트레이션</td></tr>
</table>

1. 작 업 명	C-3 디자인 계획
2. 성취수준	계절별 칼라 진단을 통해 BEST, WORST 칼라를 작품에 응용할 수 있고, 개인별, 인물별로 의상, 헤어스타일, 성격, 취향 분석 후 적절한 스타일을 정할 수 있다.

3. 작업요소	작업의 난이도		
	하	중	상
(1) 작품에서 요구하는 관련 자료 수집			○
(2) 컬러 및 스타일 분석			○
(3) 작품에 알맞은 헤어스타일, 의상, 소품 기획			○
(4) 목적에 맞는 메이크업 디자인			○
(5) 디자인 계획서(안) 작성			○
난이도 평균			○

4. 소요장비 (사무용기계)	주장비	컴퓨터
	보조장비	컴퓨터S/W

5. 관련 지식 및 기능	
지 식	기 능
• 색상이론 • 토털 코디네이션 • 화장문화사 • 퍼스널 이미지(퍼스널 컬러 이론) • 메이크업 이론	• 메이크업 시술 기술 • 컴퓨터 활용 능력 • 컬러 진단 • 이미지 분석

<table>
<tr><td>1. 작 업 명</td><td colspan="4">C-4 아이디어 스케치</td></tr>
<tr><td>2. 성취수준</td><td colspan="4">고객 및 작품의 분석을 통하여 작품의 디자인을 할 수 있다.</td></tr>
<tr><td colspan="2" rowspan="2">3. 작업요소</td><td colspan="3">작업의 난이도</td></tr>
<tr><td>하</td><td>중</td><td>상</td></tr>
<tr><td colspan="2">(1) 작업도구 준비</td><td>○</td><td></td><td></td></tr>
<tr><td colspan="2">(2) 스케치</td><td></td><td>○</td><td></td></tr>
<tr><td colspan="2">(3) 컬러링</td><td></td><td></td><td>○</td></tr>
<tr><td colspan="2">(4) 작품주문에 따라 특성표현이 잘 되었는지 확인</td><td></td><td></td><td>○</td></tr>
<tr><td colspan="2">난이도 평균</td><td></td><td></td><td>○</td></tr>
<tr><td rowspan="2">4. 소요장비
(사무용기계)</td><td>주장비</td><td colspan="3">컴퓨터</td></tr>
<tr><td>보조장비</td><td colspan="3">컴퓨터 S/W(시뮬레이션)</td></tr>
<tr><td colspan="5">5. 관련 지식 및 기능</td></tr>
<tr><td colspan="2">지 식</td><td colspan="3">기 능</td></tr>
<tr><td colspan="2">• 컬러링
• 디자인 원리
• 컴퓨터 활용
• 메이크업 기법
• 코디네이션</td><td colspan="3">• 메이크업 시술 기술
• 일러스트레이션 기술
• 컴퓨터 활용
• 작품 기획 · 설계</td></tr>
</table>

<table>
<tr><td>1. 작 업 명</td><td colspan="4">C-5 평가 및 보완작업</td></tr>
<tr><td>2. 성취수준</td><td colspan="4">프리젠테이션을 통하여 고객이 요구하는 컨셉을 파악하고 수정 보완 할 수 있다.</td></tr>
<tr><td colspan="2" rowspan="2">3. 작업요소</td><td colspan="3">작업의 난이도</td></tr>
<tr><td>하</td><td>중</td><td>상</td></tr>
<tr><td colspan="2">(1) 아이디어 스케치(안)의 자체 평가, 수정</td><td></td><td></td><td>○</td></tr>
<tr><td colspan="2">(2) 고객에게 프레젠테이션 실시</td><td></td><td>○</td><td></td></tr>
<tr><td colspan="2">(3) 표현상의 한계와 장, 단점 설명</td><td></td><td></td><td>○</td></tr>
<tr><td colspan="2">(4) 고객과 협의하여 수정, 보완</td><td></td><td></td><td>○</td></tr>
<tr><td colspan="2">난이도 평균</td><td></td><td></td><td>○</td></tr>
<tr><td rowspan="2">4. 소요장비
(사무용기계)</td><td>주장비</td><td colspan="3">컴퓨터, 빔프로젝트</td></tr>
<tr><td>보조장비</td><td colspan="3">컴퓨터S/W</td></tr>
<tr><td colspan="5">5. 관련 지식 및 기능</td></tr>
<tr><td colspan="2">지 식</td><td colspan="3">기 능</td></tr>
<tr><td colspan="2">• 컴퓨터 활용
• 상담심리</td><td colspan="3">• 컴퓨터 활용 능력
• 프레젠테이션
• 상담하기</td></tr>
</table>

<table>
<tr><td>1. 작 업 명</td><td colspan="5">C-6 최종 디자인</td></tr>
<tr><td>2. 성취수준</td><td colspan="5">고객의 특성과 요구를 파악하여 최종 디자인을 결정할 수 있다.</td></tr>
<tr><td colspan="3" rowspan="2">3. 작업요소</td><td colspan="3">작업의 난이도</td></tr>
<tr><td>하</td><td>중</td><td>상</td></tr>
<tr><td colspan="3">(1) 고객과 협의된 사항을 토대로 스케치
(2) 메이크업 이미지 및 스타일연출, 컬러링
(3) 최종 디자인
(4) 고객에게 프레젠테이션
(5) 최종 디자인 확정</td><td></td><td></td><td>○
○
○
○
○</td></tr>
<tr><td colspan="3">난이도 평균</td><td></td><td></td><td>○</td></tr>
<tr><td rowspan="2">4. 소요장비
(사무용기계)</td><td>주장비</td><td colspan="4">컴퓨터, 빔프로젝트</td></tr>
<tr><td>보조장비</td><td colspan="4">컴퓨터S/W</td></tr>
<tr><td colspan="6">5. 관련 지식 및 기능</td></tr>
<tr><td colspan="3">지 식</td><td colspan="3">기 능</td></tr>
<tr><td colspan="3">• 메이크업 이론
• 디자인 원리
• 컴퓨터 활용
• 토털 코디네이션</td><td colspan="3">• 메이크업 시술 기술
• 토털 코디네이션
• 프리젠테이션
• 일러스트레이션</td></tr>
</table>

<table>
<tr><td>1. 작 업 명</td><td colspan="5">D-1 작업실 위생관리</td></tr>
<tr><td>2. 성취수준</td><td colspan="5">작업실의 청결을 위하여 메이크업 시설의 도구 및 용품 공간을 청결 하게 준비 할 수 있다.</td></tr>
<tr><td colspan="3" rowspan="2">3. 작업요소</td><td colspan="3">작업의 난이도</td></tr>
<tr><td>하</td><td>중</td><td>상</td></tr>
<tr><td colspan="3">(1) 작업 공간 청소
(2) 작업 공간 환기
(3) 작업 공간 소독</td><td>○
○
 </td><td>

○</td><td></td></tr>
<tr><td colspan="3">난이도 평균</td><td>○</td><td></td><td></td></tr>
<tr><td rowspan="2">4. 소요장비
(사무용기계)</td><td>주장비</td><td colspan="4">사외신 소독기, 청소용구, 소독용 용구</td></tr>
<tr><td>보조장비</td><td colspan="4">소독 약품</td></tr>
<tr><td colspan="6">5. 관련 지식 및 기능</td></tr>
<tr><td colspan="3">지 식</td><td colspan="3">기 능</td></tr>
<tr><td colspan="3">• 장비 관리
• 소독과 멸균</td><td colspan="3">• 도구 및 설비 정리
• 청소</td></tr>
</table>

1. 작 업 명	D-2 제품, 도구 및 기기의 위생관리 및 준비
2. 성취수준	메이크업 시술을 위하여 도구 및 용품을 사용 순서와 목적에 맞게 정리 할 수 있다.

3. 작업요소	작업의 난이도		
	하	중	상
(1) 도구 및 기기의 소독	○		
(2) 메이크업 제품을 청결하게 관리	○		
(3) 작업에 필요한 제품, 도구 및 기기 세팅	○		
(4) 정리정돈	○		
난이도 평균	○		

4. 소요장비 (사무용기계)	주장비	메이크업 시술 도구 및 기구 , 자외신소독기, 습식소독기
	보조장비	소독 기구, 메이크업 소품

5. 관련 지식 및 기능	
지 식	기 능
• 소독 및 멸균 • 메이크업 관련 기구 및 도구 사양 파악	• 소독 • 기기 조작

<table>
<tr><td>1. 작 업 명</td><td colspan="4">D-3 소품 준비</td></tr>
<tr><td>2. 성취수준</td><td colspan="4">메이크업에 필요한 소품을 준비 또는 구입 할 수 있다.</td></tr>
<tr><td colspan="2" rowspan="2">3. 작업요소</td><td colspan="3">작업의 난이도</td></tr>
<tr><td>하</td><td>중</td><td>상</td></tr>
<tr><td colspan="2">(1) 작업에서 요구하는 소품 계획</td><td></td><td>○</td><td></td></tr>
<tr><td colspan="2">(2) 시장 조사</td><td></td><td></td><td>○</td></tr>
<tr><td colspan="2">(3) 소품 구입 및 제작</td><td></td><td>○</td><td></td></tr>
<tr><td colspan="2">(4) 소품 구비 및 세팅</td><td>○</td><td></td><td></td></tr>
<tr><td colspan="2">난이도 평균</td><td></td><td>○</td><td></td></tr>
<tr><td rowspan="2">4. 소요장비
(사무용기계)</td><td>주장비</td><td colspan="3">컴퓨터</td></tr>
<tr><td>보조장비</td><td colspan="3">프린트기</td></tr>
<tr><td colspan="5">5. 관련 지식 및 기능</td></tr>
<tr><td colspan="2">지 식</td><td colspan="3">기 능</td></tr>
<tr><td colspan="2">• 토털 코디네이션 연출</td><td colspan="3">• 토털 코디네이션 연출 능력
• 작품 분석 능력</td></tr>
</table>

<table>
<tr><td>1. 작 업 명</td><td colspan="4">D-4 특수용품 준비</td></tr>
<tr><td>2. 성취수준</td><td colspan="4">영상 및 무대 분장에 따른 특수 메이크업 효과에 맞는 용품을 제작 및 구입할 수 있다.</td></tr>
<tr><td colspan="2" rowspan="2">3. 작업요소</td><td colspan="3">작업의 난이도</td></tr>
<tr><td>하</td><td>중</td><td>상</td></tr>
<tr><td colspan="2">(1) 작품에 필요한 특수용품 조사</td><td></td><td></td><td>○</td></tr>
<tr><td colspan="2">(2) 특수용품 기획</td><td></td><td></td><td>○</td></tr>
<tr><td colspan="2">(3) 시장 조사</td><td></td><td>○</td><td></td></tr>
<tr><td colspan="2">(4) 특수용품 구입 및 제작의뢰</td><td></td><td></td><td>○</td></tr>
<tr><td colspan="2">난이도 평균</td><td></td><td></td><td>○</td></tr>
<tr><td rowspan="2">4. 소요장비
(사무용기계)</td><td>주장비</td><td colspan="3">오븐</td></tr>
<tr><td>보조장비</td><td colspan="3">조각도구, 콘크리트 드릴, 스패츌라, 가위, 고무그릇, 저울, 특수분장화일, 핀셋, 치아틀, 수염틀, 계량컵, 주걱, 블로드라이어, 에어브러시</td></tr>
<tr><td colspan="5">5. 관련 지식 및 기능</td></tr>
<tr><td colspan="2">지 식</td><td colspan="3">기 능</td></tr>
<tr><td colspan="2">• 특수 메이크업 디자인 연출법
• 인체골격 및 근육 구조
• 화공 재료 특성 및 제조
• 작품 분석
• 무대영상 메이크업 디자인
• 컴퓨터 시뮬레이션</td><td colspan="3">• 스페셜 메이크업 시술 기술
• 수염, 가발 제작 기술
• 특수 효과기기 조작 기술
• 마스크 제작 기술</td></tr>
</table>

<table>
<tr><td>1. 작 업 명</td><td colspan="5">D-5 촬영 섭외</td></tr>
<tr><td>2. 성취수준</td><td colspan="5">사진 촬영을 통하여 메이크업의 작품을 완성 할 수 있다.</td></tr>
<tr><td colspan="3" rowspan="2">3. 작업요소</td><td colspan="3">작업의 난이도</td></tr>
<tr><td>하</td><td>중</td><td>상</td></tr>
<tr><td colspan="3">(1) 작품 관리 및 기록을 위한 촬영 섭외</td><td></td><td>○</td><td></td></tr>
<tr><td colspan="3">(2) 촬영 일정 결정</td><td>○</td><td></td><td></td></tr>
<tr><td colspan="3">(3) 촬영 실시</td><td></td><td>○</td><td></td></tr>
<tr><td colspan="3">난이도 평균</td><td></td><td>○</td><td></td></tr>
<tr><td rowspan="2">4. 소요장비
(사무용기계)</td><td>주장비</td><td colspan="4"></td></tr>
<tr><td>보조장비</td><td colspan="4">전화, 메일</td></tr>
<tr><td colspan="6">5. 관련 지식 및 기능</td></tr>
<tr><td colspan="3">지 식</td><td colspan="3">기 능</td></tr>
<tr><td colspan="3">• 조명 원리 이론</td><td colspan="3"></td></tr>
</table>

<table>
<tr><td>1. 작 업 명</td><td colspan="4">E-1 클렌징</td></tr>
<tr><td>2. 성취수준</td><td colspan="4">피부 상태에 알맞은 클렌징 제품과 방법으로 메이크업을 깨끗이 닦아 낼 수 있다.</td></tr>
<tr><td colspan="2" rowspan="2">3. 작업요소</td><td colspan="3">작업의 난이도</td></tr>
<tr><td>하</td><td>중</td><td>상</td></tr>
<tr><td colspan="2">(1) 클렌징 테크닉 습득
(2) 아이메이크업 클렌징
(3) 립메이크업 클렌징
(4) 베이스메이크업 클렌징
(5) 클렌징 상태 점검 및 마무리</td><td>○
○
○
○
○</td><td></td><td></td></tr>
<tr><td colspan="2">난이도 평균</td><td>○</td><td></td><td></td></tr>
<tr><td rowspan="2">4. 소요장비
(사무용기계)</td><td>주장비</td><td colspan="3">화장대, 메이크업 의자, 보조의자.</td></tr>
<tr><td>보조장비</td><td colspan="3">아이래쉬 컬러, 속눈썹, 면봉, 화장솜, 티슈, 화장품 트레이</td></tr>
<tr><td colspan="5">5. 관련 지식 및 기능</td></tr>
<tr><td colspan="2">지 식</td><td colspan="3">기 능</td></tr>
<tr><td colspan="2">• 얼굴의 구조 및 근육
• 클렌징 제품의 특징 및 방법
• 피부 구조 및 타입</td><td colspan="3"></td></tr>
</table>

<table>
<tr><td>1. 작 업 명</td><td colspan="4">E-2 피부정돈</td></tr>
<tr><td>2. 성취수준</td><td colspan="4">메이크업 시술을 위한 피부 정돈을 준비 한다.
피부 상태 및 유형에 맞는 기초 화장품을 선택하여 얼굴 및 해당 부위에 바를 수 있다.</td></tr>
<tr><td colspan="2" rowspan="2">3. 작업요소</td><td colspan="3">작업의 난이도</td></tr>
<tr><td>하</td><td>중</td><td>상</td></tr>
<tr><td colspan="2">(1) 피부정돈에 필요한 테크닉 습득
(2) 유연화장수를 화장솜에 묻혀 피부결 정리
(3) 유액을 적당량 취해 피부에 도포</td><td>○
○
○</td><td></td><td></td></tr>
<tr><td colspan="2">난이도 평균</td><td>○</td><td></td><td></td></tr>
</table>

<table>
<tr><td rowspan="2">4. 소요장비
(사무용기계)</td><td>주장비</td><td>메이크업 의자, 화장대</td></tr>
<tr><td>보조장비</td><td>보조의자, 화장품 진열대</td></tr>
</table>

<table>
<tr><td colspan="2">5. 관련 지식 및 기능</td></tr>
<tr><td>지 식</td><td>기 능</td></tr>
<tr><td>• 피부 타입에 따른 화장품 사용 방법</td><td></td></tr>
</table>

1. 작 업 명	E-3 눈썹 정리 및 컬러링
2. 성취수준	고객의 얼굴형 및 작품 인물에 창조에 따른 눈썹 모양을 정리하고 염색을 할 수 있다.

3. 작업요소	작업의 난이도		
	하	중	상
(1) 얼굴형과 개성, 트랜드를 고려하여 눈썹 형태 결정			○
(2) 눈썹을 결대로 브러싱	○		
(3) 눈썹연필로 정해진 형태 잡기			○
(4) 수정도구, 또는 왁싱으로 눈썹 형태 정리			○
(5) 모발색상, 개성을 고려하여 눈썹의 색상 바꾸기			○
난이도 평균			○

4. 소요장비 (사무용기계)	주장비	
	보조장비	눈썹가위, 족집게, 핀셋, 염색 브러시, 눈썹 브러시 메이크업 브러시 세트

5. 관련 지식 및 기능

지 식	기 능
• 인체의 골격과 근육구조 • 메이크업 이론	• 눈썹형태 수정 및 정리 • 염색

<table>
<tr><td>1. 작 업 명</td><td colspan="5">E-4 베이스 메이크업</td></tr>
<tr><td>2. 성취수준</td><td colspan="5">고객 및 작품의 인물에 맞는 피부색을 결정하고 화장품을 사용하여 피부색을 표현 할 수 있다.</td></tr>
<tr><td colspan="3" rowspan="2">3. 작업요소</td><td colspan="3">작업의 난이도</td></tr>
<tr><td>하</td><td>중</td><td>상</td></tr>
<tr><td colspan="3">(1) 피부색상을 고르게 하기 위하여 메이크업베이스 도포
(2) 눈밑 어두운 부분, 입가, 피부잡티 부분에 컨실러 도포
(3) 파운데이션 도포
(4) 얼굴의 튀어나온 부분(T존)에 하이라이트 색상 도포
(5) 얼굴의 음영 부분에 로우라이트 색상 도포
(6) 파우더 도포</td><td>○

</td><td></td><td>
○
○
○
○

</td></tr>
<tr><td colspan="3">난이도 평균</td><td></td><td></td><td>○</td></tr>
<tr><td rowspan="2">4. 소요장비
(사무용기계)</td><td>주장비</td><td colspan="4">메이크업 의자, 화장대, 보조 의자, 화장품 진열대</td></tr>
<tr><td>보조장비</td><td colspan="4">메이크업 브러시 세트</td></tr>
<tr><td colspan="6">5. 관련 지식 및 기능</td></tr>
<tr><td colspan="3">지 식</td><td colspan="3">기 능</td></tr>
<tr><td colspan="3">• 인체골격 및 근육구조
• 화장품 원리 및 특성
• 메이크업 원리
• 유행 트랜드</td><td colspan="3">• 메이크업베이스 도포 기술
• 파운데이션 도포 기술
• 파우더 도포 기술</td></tr>
</table>

1. 작 업 명	E-5 포인트 메이크업
2. 성취수준	고객 및 작품의 인물의 이미지에 맞는 포인트 색조 화장을 할 수 있다.

3. 작업요소	작업의 난이도		
	하	중	상
(1) 눈형태, 개성, 작품의 성격을 고려하여 아이섀도 도포			○
(2) 눈형태, 개성, 작품의 성격을 고려하여 아이라인 그리기			○
(3) 속눈썹 기구를 이용하여 속눈썹에 컬 부여			○
(4) 눈형태, 개성, 작품의 성격을 고려하여 마스카라 시술			○
(5) 인조속눈썹 붙이기			○
(6) 입술형태, 개성, 작품의 성격을 고려하여 립스틱 도포			○
(7) 얼굴형, 개성, 작품의 성격을 고려하여 치크 메이크업			○
(8) 작품의도에 맞게 표현이 되었는지 마무리			○
난이도 평균			○

4. 소요장비 (사무용기계)	주장비	메이크업 브러시 세트, 색조 화장품, 메이크업 의자, 화장대, 보조 의자, 화장품 진열대
	보조장비	스폰지, 케이프, 헤어밴드, 분첩, 아이래쉬 컬러, 수정 가위, 족집게

5. 관련 지식 및 기능

지 식	기 능
• 유행 트랜드 정보 • 얼굴골격과 근육구조 • 색상 이론 • 화장품 특성 및 이론 • 조명 원리 • 화장문화사	• 아이섀도, 아이라인, 마스카라 시술 기술 • 인조속눈썹 붙임 기술

<table>
<tr><td>1. 작 업 명</td><td colspan="4">E-6 피니쉬 메이크업</td></tr>
<tr><td>2. 성취수준</td><td colspan="4">고객의 메이크업이 끝난 상태에서 고객 및 작품의 이미지와 특성에 맞게 시술이 되었는지 확인 후 최종 점검을 하여 보충 시술을 할 수 있다.</td></tr>
<tr><td colspan="2" rowspan="2">3. 작업요소</td><td colspan="3">작업의 난이도</td></tr>
<tr><td>하</td><td>중</td><td>상</td></tr>
<tr><td colspan="2">(1) 피부표현이 잘 표현되었는지 점검</td><td></td><td></td><td>○</td></tr>
<tr><td colspan="2">(2) 부분화장이 잘 표현되었는지 점검</td><td></td><td></td><td>○</td></tr>
<tr><td colspan="2">(3) 얼굴화장과 목과의 경계 부분 점검</td><td></td><td>○</td><td></td></tr>
<tr><td colspan="2">(4) 수정 및 보완이 필요한 부분을 최종 마무리</td><td></td><td></td><td>○</td></tr>
<tr><td colspan="2">난이도 평균</td><td></td><td></td><td>○</td></tr>
<tr><td rowspan="2">4. 소요장비
(사무용기계)</td><td>주장비</td><td colspan="3">메이크업 브러시 세트, 메이크업 의자, 화장대, 보조의자 화장품 진열대</td></tr>
<tr><td>보조장비</td><td colspan="3">스폰지, 케이프, 헤어밴드, 분첩, 아이래쉬 컬러, 수정 가위, 면봉, 족집게</td></tr>
<tr><td colspan="5">5. 관련 지식 및 기능</td></tr>
<tr><td colspan="2">지 식</td><td colspan="3">기 능</td></tr>
<tr><td colspan="2">• 토털 코디네이션 연출</td><td colspan="3">• 토털 코디네이션 연출 능력
• 메이크업 시술 기술</td></tr>
</table>

<table>
<tr><td>1. 작 업 명</td><td colspan="4">E-7 헤어 손질</td></tr>
<tr><td>2. 성취수준</td><td colspan="4">메이크업에 맞는 헤어스타일을 연출 할 수 있다.</td></tr>
<tr><td colspan="2" rowspan="2">3. 작업요소</td><td colspan="3">작업의 난이도</td></tr>
<tr><td>하</td><td>중</td><td>상</td></tr>
<tr><td colspan="2">(1) 메이크업 작품 의도에 맞게 헤어스타일 구상하기
(2) 메이크업 작품 의도에 맞게 헤어스타일 연출하기
(3) 작품의도에 맞게 표현이 되었는지 마무리하기</td><td></td><td></td><td>○
○
○</td></tr>
<tr><td colspan="2">난이도 평균</td><td></td><td></td><td>○</td></tr>
<tr><td rowspan="2">4. 소요장비
(사무용기계)</td><td>주장비</td><td colspan="3">헤어용 브러시, 메이크업 의자, 화장대, 보소의자, 화장품 진열대</td></tr>
<tr><td>보조장비</td><td colspan="3">블로 드라이어, 아이론</td></tr>
<tr><td colspan="5">5. 관련 지식 및 기능</td></tr>
<tr><td colspan="2">지 식</td><td colspan="3">기 능</td></tr>
<tr><td colspan="2">• 토털 코디네이션 연출
• 헤어스타일 연출</td><td colspan="3">• 토털 코디네이션 연출 능력
• 헤어스타일 연출 능력</td></tr>
</table>

<table>
<tr><td>1. 작 업 명</td><td colspan="5">E-8 네일 손질</td></tr>
<tr><td>2. 성취수준</td><td colspan="5">메이크업에 어울리는 네일 연출을 할 수 있다.</td></tr>
<tr><td colspan="3" rowspan="2">3. 작업요소</td><td colspan="3">작업의 난이도</td></tr>
<tr><td>하</td><td>중</td><td>상</td></tr>
<tr><td colspan="3">(1) 작품 의도에 맞게 네일 스타일 결정
(2) 작품 의도에 맞게 네일 컬러 결정
(3) 작품 의도에 맞게 네일 작품 연출</td><td></td><td>○
○
○</td><td></td></tr>
<tr><td colspan="3">난이도 평균</td><td></td><td>○</td><td></td></tr>
<tr><td rowspan="2">4. 소요장비
(사무용기계)</td><td>주장비</td><td colspan="4">클리퍼, 손톱용 니퍼, 우드스틱, 손톱용 푸셔, 손톱 파일</td></tr>
<tr><td>보조장비</td><td colspan="4">손톱용 드라이어, 에어브러시, 핑거볼, 인조 손톱, 에어컴, 프레서</td></tr>
<tr><td colspan="6">5. 관련 지식 및 기능</td></tr>
<tr><td colspan="3">지 식</td><td colspan="3">기 능</td></tr>
<tr><td colspan="3">• 색채 배색
• 네일 케어 및 연출
• 토털 코디네이션 연출</td><td colspan="3">• 네일 시술 기술
• 토털 코디네이션 연출 능력</td></tr>
</table>

<table>
<tr><td>1. 작 업 명</td><td colspan="4">E-9 스타일 연출</td></tr>
<tr><td>2. 성취수준</td><td colspan="4">작품에 맞는 전체 토탈 코디네이션을 연출 할 수 있다.</td></tr>
<tr><td colspan="2" rowspan="2">3. 작업요소</td><td colspan="3">작업의 난이도</td></tr>
<tr><td>하</td><td>중</td><td>상</td></tr>
<tr><td colspan="2">(1) 작품 의도에 맞게 의상 및 소품 구상하기
(2) 작품 의도에 맞게 연출하기
(3) 전체적인 조화를 점검 및 마무리하기</td><td></td><td></td><td>○
○
○</td></tr>
<tr><td colspan="2">난이도 평균</td><td></td><td></td><td>○</td></tr>
<tr><td rowspan="2">4. 소요장비
(사무용기계)</td><td>주장비</td><td colspan="3"></td></tr>
<tr><td>보조장비</td><td colspan="3"></td></tr>
<tr><td colspan="5">5. 관련 지식 및 기능</td></tr>
<tr><td colspan="2">지 식</td><td colspan="3">기 능</td></tr>
<tr><td colspan="2">• 토털 코디네이션 연출</td><td colspan="3">• 토털 코디네이션 연출 능력</td></tr>
</table>

<table>
<tr><td>1. 작 업 명</td><td colspan="5">E-10 전체 수정보완</td></tr>
<tr><td>2. 성취수준</td><td colspan="5">작품의 의도에 맞는 이미지를 위하여 최종 보완할 수 있다.</td></tr>
<tr><td colspan="3" rowspan="2">3. 작업요소</td><td colspan="3">작업의 난이도</td></tr>
<tr><td>하</td><td>중</td><td>상</td></tr>
<tr><td colspan="3">(1) 작품 의도에 맞게 표현되었는지 점검하기</td><td></td><td></td><td>○</td></tr>
<tr><td colspan="3">(2) 작품 의도에 맞게 수정, 보완하기</td><td></td><td></td><td>○</td></tr>
<tr><td colspan="3">(3) 고객의 만족도를 점검하기</td><td></td><td></td><td>○</td></tr>
<tr><td colspan="3">(4) 최종 수정, 보완하기</td><td></td><td></td><td>○</td></tr>
<tr><td colspan="3">난이도 평균</td><td></td><td></td><td>○</td></tr>
<tr><td rowspan="2">4. 소요장비
(사무용기계)</td><td>주장비</td><td colspan="4">메이크업 브러시 세트, 메이크업 의자, 회장대, 보조의자</td></tr>
<tr><td>보조장비</td><td colspan="4">스폰지, 케이프, 헤어밴드, 분첩, 아이래쉬 컬러, 수정가위, 면봉, 족집게</td></tr>
<tr><td colspan="6">5. 관련 지식 및 기능</td></tr>
<tr><td colspan="3">지 식</td><td colspan="3">기 능</td></tr>
<tr><td colspan="3">• 토털 코디네이션 연출
• 수정 메이크업 방법</td><td colspan="3">• 메이크업 시술 기술</td></tr>
</table>

참고문헌

고아라(2010). 퍼스널컬러가 유행인식, 자기이미지에 미치는 영향-의류와 색조화장품의 구매행동을 중심으로-. 한양대학교 디자인대학원 석사학위논문.

김덕록(1997). 화장과 화장품. 서울: 도서출판 답게.

백기수(1987). 미학. 서울: 서울대학교 출판부.

신인섭(2002), 광고로 보는 한국화장의 문화사. 서울: 김영사.

이해영(2004). 색조화장에 있어서 퍼스널컬러 인지도와 유형별 색채 선호도 조사. 중앙대학교 대학원 석사학위논문.

이화순(1992). 韓國女性의 Make-Up 造形性에 관한 硏究-얼굴형에 적합한 화장색조와 선을 중심으로-. 홍익대학교 산업미술대학원 석사학위논문.

______(2002). 화장의 사회 · 심리적 기대효과에 따른 화장이미지와 자의식에 관한 연구. 경희대학교 대학원 박사학위논문.

이화순, 장미숙, 조기여, 이운현(2009). 미용문화와 시대 메이크업. 서울: 예림.

장미숙(2005). 20세기 영화 특수 분장사와 캐릭터 특수분장 연구. 숙명여자대학교 대학원 박사학위논문.

조기여(1997). 자기효능감, 퍼스널스페이스, 의복근접도, 화장근접도와의 관계. 대구효성가톨릭대학교 대학원 박사학위논문.

조기여, 이화순, 배현숙, 김영란, 황춘희, 추욱희, 방수진, 하영복(2003). Color, 색, 色. 서울: 도서출판 성화.

(주)태평양(1995). 태평양 50년사. 서울: 동아출판사.

(주)태평양 미용과학연구실(1995). 결혼은 선택 화장은 필수. 서울: 오롬.

(주)태평양 미용연구실(1991). 기초미용백과.

한국직업능력개발원(2000). 메이크업 아티스트 직무분석.

홍미숙(2005). 한국인의 퍼스널컬러에 관한 연구: 20대를 중심으로. 홍익대학교 대학원 석사학위논문.

히데오하오키(2004). 서양화장문화사. 유태순 · 조기여 · 이화순 편역. 서울: 동서교류.

Carole Jackson(1984). Color Me Beautiful. BALLANTINE BOOKS.

Wladyslaw Tatarkiewicz(1970). History of Aesthetics, Vol. I , Mouton.

Yvonne Hawker(2004). Designory' s Beauty Make-Up. Make-up Designory.